# Premiere Pro
## 经典课堂

姜厚智　李光◆主编

清华大学出版社
北 京

## 内 容 简 介

本书从 Premiere Pro CC 2019 中的实用知识点出发，结合视听语言和影视技术的基本知识点，再配以大量电影实例，采用知识点讲解与动手练习相结合的方式，详细介绍了 Premiere Pro CC 2019 中的基础应用知识及高级使用技巧。每一章都配有丰富的实例说明，生动具体，浅显易懂，使读者能够迅速上手，轻松掌握功能强大的 Premiere Pro CC 2019 在影视后期制作中的应用，读完本书后可以直接进入短片或者微电影创作阶段。

本书适合作为高校相关专业的教材，也可作为视频编辑、影视动画制作等相关从业人员深入学习 Premiere Pro 的参考资料。

**图书在版编目（CIP）数据**

Premiere Pro 经典课堂 / 姜厚智，李光主编 . —北京：清华大学出版社，2020.4（2022.7重印）
ISBN 978-7-302-54716-7

Ⅰ . ① P··· Ⅱ . ①姜··· ②李··· Ⅲ . ①视频编辑软件 Ⅳ . ① TP317.53

中国版本图书馆 CIP 数据核字 (2019) 第 299114 号

责任编辑：杜 杨
封面设计：杨玉兰
责任校对：胡伟民
责任印制：曹婉颖

出版发行：清华大学出版社
     网 址：http://www.tup.com.cn，http://www.wqbook.com
     地 址：北京清华大学学研大厦 A 座 邮 编：100084
     社 总 机：010-83470000 邮 购：010-62786544
     投稿与读者服务：010-62776969，c-service@tup.tsinghua.edu.cn
     质 量 反 馈：010-62772015，zhiliang@tup.tsinghua.edu.cn
印 装 者：北京博海升彩色印刷有限公司
经 销：全国新华书店
开 本：210mm×260mm 印 张：13.75 字 数：400 千字
版 次：2020 年 6 月第 1 版 印 次：2022 年 7 月第 3 次印刷
定 价：69.00 元

产品编号：085497-01

# 编委会

# 前言

Adobe Premiere Pro是一款常用的视频编辑软件，由Adobe公司推出。现在常用的版本有CS4、CS5、CS6、CC 2014、CC 2015、CC 2017、CC 2018、CC 2019以及CC 2020版本。Adobe Premiere Pro也是一款编辑视频质量较好的软件，有较好的兼容性，可以与Adobe公司推出的其他软件相互配合。目前这款软件广泛应用于广告制作和电视节目制作，其最新版本为Adobe Premiere Pro 2020。

本书从Premiere Pro CC 2019中的实用知识点出发，结合视听语言和影视技术的基本知识点，再配以大量电影实例，采用知识点讲解与动手练习相结合的方式，详细介绍了Premiere Pro CC 2019中的基础应用知识及高级使用技巧。每一章都配有丰富的实例说明，生动具体，浅显易懂，使读者能够迅速上手，轻松掌握功能强大的Premiere Pro CC 2019在影视后期制作中的应用，读完本书后可以直接进入短片或者微电影创作阶段。

## 本书内容

本书系统全面地介绍了Premiere Pro CC 2019的应用知识，每章都提供了丰富的实用案例来巩固所学知识，本书共分为8章，各章介绍如下：

第1章：影视后期常用知识介绍，包括景别、摄像机运动、视频制式、常用的视频及音频格式、Premiere Pro的基础知识和剪辑小练习。

第2章：常用面板介绍，包含必须要了解的项目面板、源监视器与节目监视器、时间轴面板、效果控件面板、遮罩、基本工作流程。

第3章：全面介绍校色功能，包含Lumetri 颜色、校色插件 Magic Bullet Suite。虽然本章篇幅比较短，但基本满足影视制作的需要。

第4章：全面介绍音频知识，包括数字音频基础知识、基本声音与常用音频效果器、Audition处理声音。

第5章：全面介绍Premiere Pro的文字功能，包含文字基础、创建字幕、文字案例。

第6章：全面介绍视频转场过渡，包含转场理论、转场案例、转场插件FilmImpact Transition Packs。

第7章：练习案例，包含常用的马赛克、分屏效果、时间静止和时间扭曲、定格动画、X光效果、白天转黑夜。

第8章：主要介绍短片制作的基础知识，如蒙太奇、拍摄技巧，同时讲解仿制短片的过程，让学生在了解短片创作的过程中喜欢上剪辑、爱上创作。

## 本书主要特色

本书提供了近百个练习案例，通过示例分析和设计过程讲解Premiere Pro CC 2019的应用知识。每章穿插大量提示、分析、注意和技巧等栏目，构筑了面向实际的知识体系。此外，本书还采用了紧凑的体例和版式，相同的内容下，篇幅缩减但实例数量增加。

本书统一采用三级标题灵活安排内容，摆脱了普通培训教程按部就班的讲解模式。每章都配有扩展知识点，便于读者查阅相应的基础知识。全书内容安排收放自如，方便读者学习。

　　全书各章内容分为基础知识和实例演示两部分，全部采用图解方式，帮助读者快速上手。图像均做了大量的裁切、拼合、加工，信息丰富，效果精美。轻松的阅读体验让读者在书店翻开本书的第一时间就获得强烈的视觉冲击，与同类书在品质上拉开距离。

## 本书使用对象

　　本书适合作为高校相关专业的教材，也可作为视频编辑、影视动画制作等相关从业人员深入学习Premiere pro的参考资料。

　　本书由姜厚智和李光担任主编，冯豪达、唐甜甜、张宝奎、李林担任副主编，于梅雪、衣文志、刘晓宙、郑辉、郭志刚、王鲁漫等也参与了编写和案例的调试工作。本书编者为青岛恒星科技学院与青岛农业大学一线教学岗位的专职教师，在此感谢所有编写人员对本书创作所付出的努力。

李光于青岛农业大学

　　扫描下方二维码，可获取本书完整实例素材文件和配音教学视频文件，便于读者自学和跟踪练习图书内容。

完整实例素材文件

配音教学视频文件

# 目录

**1**

## 第1章　Premiere Pro 的基础知识

**2**

## 第2章　常用面板介绍

# 3

## 第3章 校色

# 4

## 第4章 音频

# 第5章　文字

# 第6章　转场/过渡

# 第7章　练习案例

# 第8章　短片制作

## 参考文献

# 第1章　Premiere Pro 的基础知识

## 1.1 影视后期常用知识

在学习Adobe Premiere Pro之前，我们需要学习一些影视后期必备的相关知识：景别、摄像机运动方式、视频制式及常用格式。

### 1.1.1 景别

景别：被拍摄主体在画面中所呈现的范围大小。划分景别是为了模拟我们观察事物时的心理状态——我们离事物较远时，能够看清事物的全貌，心理状态也会比较客观（我们观看时就越冷静）；较近时，可以看到更多的细节，心理状态也会更加主观（情感上参与的程度更高）。正是利用了景别的这个特点，我们可以不知不觉地将观众引入故事的情境之中，让观众更深入地体会故事要表达的情感和主题，如图1-1-1所示。

图1-1-1　景别主要由摄像机与被摄主体的距离来划分

**1.远景：** 广阔的场面，画面中即使有人，人在画面中的比例也会很小。主要用来表现环境和被拍摄主体之间的关系。

这种关系可以展示故事发生的背景信息，例如时间、生存环境、人物的身份阶级等。另外，远景也常用于展示大场面或壮阔的场景，具有强烈的抒情性，如图1-1-2所示。

图1-1-2　远景：广阔的场面

**2.全景：** 主要用于展示故事当下发生的环境，或者被拍摄主体的外部形象和特征，如图1-1-3所示。

图1-1-3　全景：人物全身

全景会包含人物的全身，并且可以突出人物全身的肢体动作如奔跑、跳跃等；全景同时包含了大量的环境信息——这个人物现在是在室内还是室外？是走在沙滩还是森林？我们从这个全景中都可以轻易地分辨出来。如果全景不以人物为主体，则是展示环境和空间关系。

如一个演唱会现场有多少人？现场是掌声雷动还是鸦雀无声？舞台的位置在哪？观众热情的程度如何？观众和歌手的位置关系如何？诸如此类。

**3.中景：** 画面的下沿一般在人物的腰部(或膝盖以上)位置。与全景相比，中景大大减少了环境的信息，主要表现人物的姿态与神情，同时也能看清楚人物的脸部。我们对于脸部是最敏感的，主要靠看脸来分辨不同的人物。

所以中景会把观众的注意力集中到人物身上——看他的行为，听他的言论，如图1-1-4所示。

图1-1-4　中景：人物腰部或膝盖以上

**4.近景：** 画面的下沿一般在人物的胸部位置。近景的环境信息更少，基本上观众不会再注意环境，而是将全部注意力都集中在人物身上。近景更有利于表现人物的面部表情，并且可以更进一步拉进观众与人物的关系，就像与密友聊天谈论一些非常私密的话题。

因为近景看不清肢体的动作，所以我们会把注意力集中在面部表情和人物所说的具体内容上；同时，因为画面的信息量减少了，我们就会通过人物的面部表情结合其所言展开想象，去关注人物的言外之意和内心活动，如图1-1-5所示。

图1-1-5　近景：人物胸部以上

**5.特写：** 表现被摄主体的局部。人物的特写就是只拍摄人物的脸部特征和表情，表情被强化，甚至夸张。没有环境，没有动作，排除干扰，就是要让观众全身心地去感受夸张的表情带来的直观冲击和内心活动，如图1-1-6所示。

图1-1-6　人物特写：突出人物的头部

事物的特写就是只拍摄你要表现的事物，并且把其他的信息全部排除。例如手上拿起的帽子或者掉落的杯子等，如图1-1-7所示。

图1-1-7　事物特写：突出被摄主体的细节

**总结如下：**

- 远景通常出现在全片的开始和结尾，全景通常出现在一个场景或段落的开始和结尾。它们可以用画面传达出故事的背景信息，人物的空间关系。如果场景发生了变化或者人物的空间关系发生了较大的变化，往往会用全景重新定位。

- 人物具体做事情及人物之间的对话，是各类影片中最常见的内容，也就是我们拍摄最多的内容。我们最常用到的镜头是中景和近景。因为观众需要看清人物的具体动作，听清他们说话的具体内容，并且关注他们的表情和心理活动，企图认清他们内心的真实想法。

- 人物特写是一种很强烈的表达方式，在合适的时机使用，会获得非常好的艺术效果。但是正因如此，对于特写的使用应该是谨慎的，现在很多网络上的短片都有滥用特写的倾向。

- "远全中近特"属于基本景别，并不是只能这样拍摄，根据构图和表达的需要，可以灵活地调整景别。

## 1.1.2 摄像机运动方式

镜头分为静止镜头与运动镜头两大类。运动镜头是指摄像机（图1-1-8）的镜头相对于被摄物体的位置发生变化。例如，你拍一棵大树，大树本身是不动的，但是你想展现树上的鸟，那就可以把镜头推上去。

图1-1-8 摄像机

**1.静止镜头：**摄像机保持不动，但是被摄主体进行运动。因为人的眼睛最喜欢看运动，有运动的电影更加卖座，镜头里有运动，但是镜头本身没有动。

**2.推镜头：**被摄主体位置不动，摄像机由远及近地推进拍摄，取景范围由大变小。

**主要作用：**把观众带入故事环境；突出被摄主体；强调夸张被摄主体的局部，如手、脸、眼睛等；代表人物的主观视线；表现人物内心感受。

**3.拉镜头：**被摄主体位置不动，摄像机逐渐远离拍摄对象，取景范围由小变大。

**主要作用：**表现被摄主体与其所处环境的关系；预示人物即将到来的行动；结束一个片段或者为全片结尾。

**4.摇镜头：**摄像机位置不动，机身依托于三脚架上的底盘作上下、左右、旋转等运动，使观众如同站在原地环顾、打量周围的人或事物。

**主要作用：**介绍环境；从一个被摄主体转向另一个被摄主体；表现人物的运动；代表人物的主观视线；表现人物的内心感受。

**5.移镜头：**摄像机沿水平方向进行移动拍摄（图1-1-9），如镜头从左向右移动（"升"和"降"镜头是垂直方向移动），可以产生强烈的动态感和节奏感。

移镜头分两种情况：被摄主体不动摄像机动与主体和摄像机都动，后者接近"跟"，但是速度并不一致。

**6.跟镜头：**摄像机跟随被摄主体一起运动，它使观众的眼睛始终盯在被摄主体上。

"跟"与"移"的区别在于，摄像机的运动速度与被摄主体一致；被摄主体在画面构图中的位置基本不变；画面构图的景别不变。

图1-1-9 将摄像机安放在运载工具上，移动中进行拍摄

**7.升镜头：**摄像机从平摄慢慢升起，形成俯视拍摄，以显示广阔的空间。

**8.降镜头：**与升镜头相反，升降镜头多用于拍摄大场面的场景，能够改变镜头和画面的空间。

**9.俯镜头：**俯拍，常用于宏观地展现环境、场景的整体面貌，如图1-1-10所示。

图1-1-10 俯拍

**10.仰镜头：**仰拍，常带有高大、庄严的意味。例如仰视伟人。

**11.甩镜头：**从一个被摄体甩向另一个被摄体，表现急剧的变化。

**12.悬空拍摄：**摄像机在物体上空移动拍摄的镜头。

**13.空镜头：**没有人或相关动物的纯景物镜头。

**14.旋转镜头：**被摄主体不动，摄像机围绕被摄主体旋转拍摄。

**15.综合镜头：**在一个镜头里把推、拉、升、降、摇、移等镜头综合在一起运用。

**16.长镜头：**正常的镜头持续时间为4~5秒，一般情况下超过10秒以上的镜头为长镜头。

**17.反打：**摄像机在拍摄二人场时的异向拍摄。例如拍摄男女对坐交谈，先从一边拍男方，再从另一边拍女方，最后交叉剪辑构成一个完整的片段。

**18.变焦距镜头：**摄像机位置不变，通过调整焦距改变拍摄范围，使画面形成景深与层次，适合野外或在不方便铺设移动轨道时使用。

### 1.1.3　视频制式

**1.电视制式**：世界上主要使用的电视广播制式有PAL、NTSC、SECAM三种。

三种制式是不能完美兼容的，中国电视台播放的视频，在美国与日本电视台播放时影像画面不会正常显示。

**PAL制式**：标准分辨率为720×576，每秒25帧，采用隔行扫描。电视扫描线为625线，奇场在前，偶场在后。24比特的颜色位深，画面的宽高比为4：3、像素宽高比为1.07。

中国大陆使用PAL-D，英国、中国香港、中国澳门使用PAL-I，新加坡使用PAL B/G。

**NTSC制式**：标准分辨率为720×480，每秒29.97（简化为30）帧，电视扫描线为525线，偶场在前，奇场在后。24比特的颜色位深，画面宽高比为4：3或者16：9、像素宽高比为0.9。

美国、加拿大、墨西哥等大部分美洲国家以及日本、中国台湾、韩国等国家和地区均采用这种制式。

**SECAM制式**：标准分辨率为720×576，每秒25帧，它与PAL制式在颜色模式与声音载波有所不同，俄罗斯、法国、埃及和非洲的一些法语系国家使用这种制式。

**HDTV高清晰度电视**：水平和垂直清晰度是常规电视的两倍左右，配有多路环绕立体声是未来电视制式发展的必然趋势。HDTV有三种显示格式，分别是720p（1280×720，非交错式，场频为24Hz、30Hz或60Hz），1080i（1920×1080，交错式，场频为60Hz），1080p（1920×1080，非交错式，场频为24Hz或30Hz）。

**4K超高清分辨率**：即4096×2160的像素分辨率，传统高清电视是207万像素的画面，而在4K影院里，能看到885万像素的高清晰画面。在这样的分辨率下，观众可以看清画面中的每一个细节。如图1-1-11所示为常用分辨率的画面比例。

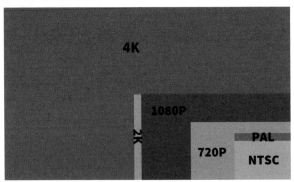

图1-1-11　常用分辨率

**2.帧速率**：当一系列连续的图片映入眼睛的时候，由于视觉暂留的作用，人们会感觉图片中的静态元素动了起来，当显示得足够快时，就会形成平滑动画，而每秒钟显示的图片数量称为帧速率，单位是帧/秒（fps）。

我们以电影《海洋奇缘》为例，如果将1秒的镜头拆解开来，可以将其分解成24张画面，如图1-1-12所示。

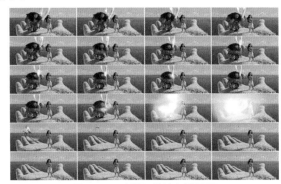

图1-1-12　拆解1秒的电影画面

**常见帧速率种类：**

**12fps（连贯动画）**：10～12fps的帧速率可以产生平滑连贯的动画，低于这个帧速率，就会产生跳帧。

**15fps（网络视频）**：优酷等视频播放平台所使用的标清格式的帧速率，低帧频可以获得优秀的传输速度。但是如果你选择更高的清晰度（高清/超清）播放视频，除了分辨率变大，帧速率也变成了25fps。

**24fps（电影拍摄）**：20世纪20年代末的电影公司以24fps作为行业标准。选择24fps，还因为24是一个容易被整除的偶数，剪辑师会在瞬间算清楚半秒是12帧，以这个标准拍摄电影，不仅成本能达到最低而且还能带来不错的观影体验。

现在大多数电影也都基本按这个标准来进行拍摄，较低的帧率能捕捉到更多的运动模糊，让动作显得更为真实和流畅。当然为了追求更为极致的视觉体验，有些电影也选择了更高的帧速率，例如《霍比特人》《阿凡达2》采用48帧拍摄和放映。

**25/30fps（电视拍摄）**：美国电视的制式为30fps（实际为29.97fps）。选择30fps是为了与美国电力标准60Hz同步，这个制式也就是NTSC。

在中国，这个制式是25fps，因为中国电力标准是50Hz，这种制式叫PAL（使用50Hz是因为我们人口众多，用电量较大，如果频率设置过高，可能会造成断电等现象）。

**50/60fps（运动类视频拍摄）**：50fps和60fps非常适合运用在快速动作的拍摄上。拍摄完成之后你还可以通过后期制作进行帧速率转换，让较高的帧速率慢慢降低到30fps然后变成一个慢动作视频。

**120/240fps（慢动作）**：超高的帧率能够让慢动作

镜头产生极端的效果，根据摄像机参数设置的上限可以拍摄120fps或240fps的慢动作。

### 3.扫描制式

**逐行扫描：** 在显示图像的过程中，采用每行图像依次扫描的方法来播放视频画面。我们的手机与显示器都采用逐行扫描，常用**p**表示。例如生活中我们看到的电影有720p、1080p，都是逐行扫描的意思。

**隔行扫描：** 常见于电视画面中，因为电视台发现可以将画面的每一帧分割为两场画面，进而交替显示，这样只发送原来一半的画面，画面质量却不怎么受影响，这种方式被称为隔行扫描制式。常用**i**表示隔行扫描，如图1-1-13所示。

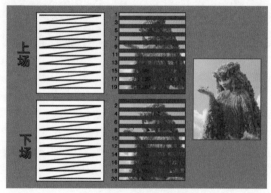

图1-1-13　隔行扫描原理

**场序：** 在采用隔行扫描方式进行播放的显示设备中，每一帧画面都会被拆分来显示，拆分后得到的残缺画面即称为"场"，以中央电视台为例，每秒发送25帧，每帧扫描2场画面，即每秒有50场画面。其中，第1、3、5、7……49场称为奇场（上场），第2、4、6、8……50场称为偶场（下场）。

**场序出错：** 通常人们以为上场画面与下场画面由一帧拆分而来，事实上数码摄像机采用一种类似隔行扫描的方式拍摄，因此将上场画面和下场画面简单地拼合在一起时，往往会造成两场画面无法完美拼合，也就是画面中会出现锯齿状的条纹，如图1-1-14所示。

图1-1-14　条纹锯齿（场序出错）在Premiere Pro修改场序即可

### 4.像素与分辨率

**像素：** 在计算机显示器、手机及其他显示设备中，像素是组成图像的最小单位，而每个像素则由多个不同颜色（通常是3个为红、绿、蓝）的点组成。

**分辨率：** 指屏幕上像素的数值，通常以"水平方向像素数量×垂直方向像素数量"的方式来表示，例如1080p的电影《哥斯拉2：怪兽之王》，它的像素宽高比为1920×1080，即水平方向像素为1920个；垂直方向像素为1080个，如图1-1-15所示。

图1-1-15　1080p的电影

**帧宽高比：** 视频画面的长宽比例，目前电视画面的宽高比通常为4:3，电影则为16:9，如图1-1-16所示。

图1-1-16　帧宽高比

**像素宽高比：** 视频画面内每个像素的长宽比，具体比例由视频所采用的标准所决定。

例如手机与计算机所采用的像素宽高比为1.0；PAL制所采用的像素宽高比为1.07；NTSC制式所采用的像素宽高比为0.9。

## 1.1.4　常用格式

Premiere Pro作为一款视频剪辑软件需要导入各种素材，最后将其进行转码输出成为视频。我们来学习一下Premiere Pro常遇到的各种文件格式。

**1.音频格式**

WAV：微软公司开发的一种声音文件格式。WAV是最接近无损的音乐格式，所以文件大小相对也比较大。

MP3：音频压缩格式，通过删除人耳听不到的声音频率范围压缩音频，可以将音乐以1：10甚至1：12的方式进行压缩。体积小、音质高的特点使得MP3格式几乎成为网上音乐的代名词。

WMA：微软公司力推的音频格式。以减少数据流量但保持音质的方法来达到更高的压缩率，其压缩率一般可以达到1：18，生成的文件大小只有相应MP3文件的一半。

常用音频格式如图1-1-17所示。

图1-1-17 常用音频格式

**2.图片格式**

JPG：不带透明通道的压缩图片格式。压缩比越高，质量越差。被广泛应用于互联网和数码相机领域，网站上80%的图像都采用了这种压缩标准。

PNG：带透明通道的无损图片格式。

TGA：带透明通道的视频合成图像序列。

PSD：Adobe公司的图形设计软件Photoshop的专用格式。可以保存Photoshop的图层、通道、路径等信息。

常用图片格式如图1-1-18所示。

图1-1-18 常用图片格式

**3.视频格式**

AVI：音频视频交错格式。优点是图像质量好；缺点太多，如体积过于庞大。

MOV：美国Apple公司开发的一种视频格式，默认的播放器是苹果的Quick Time。具有较高的压缩率和视频清晰度等特点，并可以保存透明通道。

RMVB：美国real公司推出的一种视频格式，也是常用的电影格式之一。根据影片的静止画面和运动画面而采用不同的压缩采样率进行压缩。

WMV：微软开发的一系列视频编解码格式和其相关的视频编码格式的统称。在同等视频质量下，WMV格式的文件可以边下载边播放，因此很适合在网上播放和传输。

常用视频格式如图1-1-19所示。

图1-1-19 常用视频格式

**4.编码标准**

H.264/MPEG-4是高度压缩数字视频编解码器标准，被广泛用于高精度视频的录制、压缩和发布。

## 1.2 Premiere Pro基础知识

本节开始，我们学习Adobe Premiere Pro的基础知识。Premiere Pro是一款非线性编辑软件，由Adobe公司推出，用于视频的剪辑和制作，并提供强大的校色与音效功能，如图1-2-1所示，为Premiere Pro主界面。

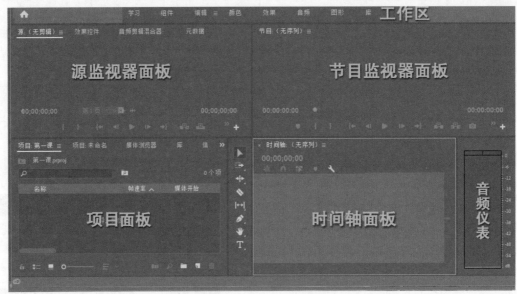

图1-2-1 Premiere Pro主界面

### 1.2.1 界面介绍

**01** 先来介绍一下软件定位。在Adobe公司推出的影视后期工作流程软件中，Photoshop用于处理图像文件；Premiere Pro用于视频剪辑工作；Audition用于编辑音频；After Effects用于视频特效制作，如图1-2-2所示。

图1-2-2 Adobe公司常用软件

**02** 打开Adobe Premiere Pro 2019，我们首先看到Premiere Pro欢迎主页，在"欢迎主页"的左上区域可以选择"新建项目"或者"打开项目"；主页的中间为"最近使用项"，它记录了最近打开过的10个项目文件，如图1-2-3所示。

**知识补充** Premiere Pro项目文件保存的是已经导入的所有视频、图形和音频文件的链接。所以应该首先创建一个工程文件夹将所有的素材文件复制进去，以避免素材的意外丢失。

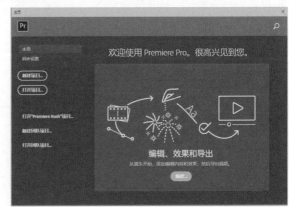

图1-2-3 欢迎主页

**03** 在D盘新建一个Premiere Pro文件夹，然后在其内部创建一个"基础知识"文件夹。

本书后面所有案例的项目文件都会创建在Premiere Pro文件夹之下，如图1-2-4所示。

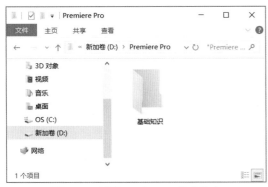

图1-2-4　创建Premiere Pro总文件夹

**04** 新建项目。启动Premiere Pro，有三种方式可以新建项目：

在"欢迎主页"单击"新建项目"；在菜单栏选择"文件">"新建">"项目"，如图1-2-5所示；或者按键盘的快捷键"Ctrl+Alt+N"。

图1-2-5　新建项目

**05** 在弹出的"新建项目"对话框中，输入新项目的名称"第一课"。单击"浏览"将项目保存的位置设置到刚才创建的"基础知识"的文件夹当中，如图1-2-6所示。

图1-2-6　新建项目——第一课

**06** 回到D盘的"基础知识"文件夹，看到项目文件夹当中，出现了一个后缀文件为.prproj的Premiere Pro工程文件，如图1-2-7所示。

图1-2-7　工程文件后缀

如果项目需要更换机器继续制作，保存过后直接将"基础知识"这个文件夹打包复制即可。

**07** Premiere Pro的界面最上方记录了这个工程文件被保存的位置与保存的状态。

当进行了更改，如添加了新的媒体素材，那么结尾处会以*（星号）进行提示，按快捷键Ctrl+S再次保存项目即可，如图1-2-8所示。

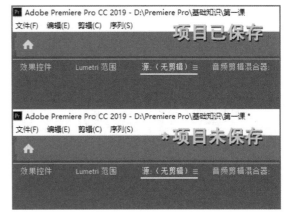

图1-2-8　项目已保存/项目未保存

**08** 保存项目。项目制作完成，在菜单栏单击"文件">"保存"，即可保存项目，如图1-2-9所示。

图1-2-9　保存项目

**09** 另存为文件。可以在菜单栏单击"文件">"另存为"，将项目文件单独进行保存。

在弹出的"保存项目"对话框中，可以用"项目名称+制作时间"的方式进行命名，如图1-2-10所示。

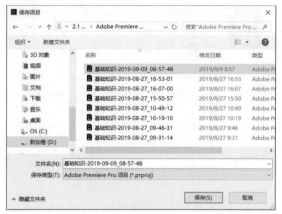

图1-2-10 按照制作时间命名项目

⑩ 菜单栏下方为Premiere Pro的工作区，Premiere Pro根据任务不同将面板进行组合搭配，设定了8种预定义工作界面。

如果你是第一次启动Premiere Pro，则自动呈现"学习工作区"，如图1-2-11所示。

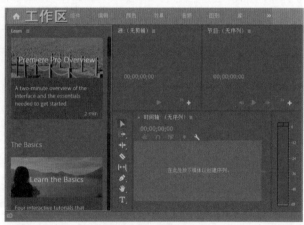

图1-2-11 学习工作区

⑪ 在工作区单击"编辑"将工作区切换到常用的"编辑工作区"，如图1-2-12所示。

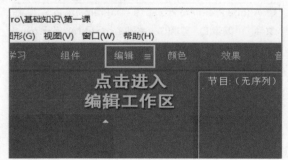

图1-2-12 进入编辑工作区

⑫ 调整面板组的大小。进入编辑工作区后，可以将面板调节为最适合工作的布局结构。

如果要调整面板水平方向或垂直方向的尺寸，请将

鼠标指针放置到两个面板之间，看到鼠标指针变成双箭头形状 ↔ 后，按住鼠标左键进行拖动就可以调整面板大小，如图1-2-13所示。

图1-2-13 调整边界大小

⑬ 加载面板。"编辑工作区"已加载的面板会在"窗口"菜单中以勾选标注。如需加载新面板或者某个面板丢失，可在"窗口"菜单中找到需要的"组件"勾选加载即可，如图1-2-14所示。

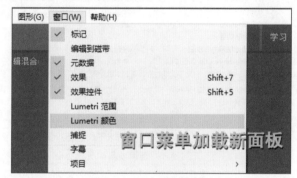

图1-2-14 加载新面板

⑭ 关闭面板。如果不需要这个面板，在面板名称的"菜单图标"处右击选择"关闭面板"即可，如图1-2-15所示。

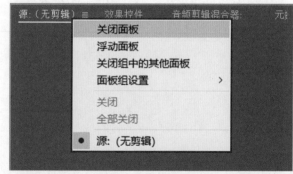

图1-2-15 关闭不需要的面板

⑮ 保存工作区。如果对调整的界面布局非常满意，可以单击"编辑工作区"菜单栏图标，选择"保存对此工作区所做的更改"，如图1-2-16所示。

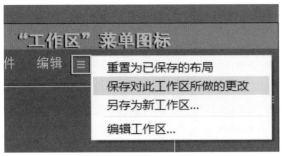

图1-2-16 保存工作区

**16** 重置面板布局。如果界面出错/面板丢失，需要重置工作区，可在菜单栏选择"窗口">"工作区">"重置为保存的布局"（重置为编辑的默认布局），如图1-2-17所示。

图1-2-17 重置面板布局

**17** Premiere Pro常用的面板如图1-2-18所示。

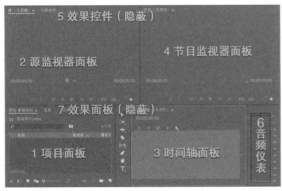

图1-2-18 常用面板

（1）项目面板：切换快捷键为Shift+1，用于导入素材，新建项目。

（2）源监视器面板：切换快捷键为Shift+2，用于预览素材，设定素材的出点入点。

（3）时间轴：切换快捷键为Shift+3，由多条独立的视频、音频轨道组成，用于查看/编辑整段序列。

（4）节目监视器面板：切换快捷键为Shift+4，用于查看视频最终结果。

（5）效果控件：切换快捷键为Shift+5，用于调整视频/音频效果的各项参数。

（6）音频仪表：切换快捷键为Shift+6，用于调整声音大小。

（7）效果面板：切换快捷键为Shift+7，用于添加视频滤镜和转场过渡。

**18** 活动面板。一次只会有一个面板以蓝色高亮显示，表示它是活动面板，例如当前激活的为项目面板，如图1-2-19所示。可以按键盘的`键将激活的面板最大化显示；再次单击`键可将面板恢复初始大小。

图1-2-19 活动面板

**19** 工具面板。工具面板上有8个功能各异的编辑工具，最常用的是选择工具与剃刀工具，如图1-2-20所示。

图1-2-20 工具面板

（1）选择工具▶的快捷键为V。可以选择素材，在时间轴上通过拖动改变视频\音频剪辑在轨道上的位置或者改变轨道。

（2）剃刀工具◆的快捷键为C。选择此工具后，在"时间轴"内需要被断开的部位单击鼠标左键，素材会被切分。

**20** 用户指南。连接网络之后，在菜单栏选择"帮助">"Premiere Pro在线教程"，会进入Premiere Pro用户指南，如图1-2-21所示。

图1-2-21 用户指南

Premiere Pro用户指南可以说是目前最好的Premiere Pro教程，遇到问题请大家多多翻阅用户指南进行学习，如图1-2-22所示。

图1-2-22　有问题看帮助

**21** 中英文版本切换。首先到Premiere Pro的安装路径C：\Program Files\Adobe\Adobe Premiere Pro CC 2019\Dictionaries下找到zh_CN文件夹，将其剪切到桌面临时保存，重启Premiere Pro看到软件已经变成英文版本了。

zh_CN文件夹不要删除，当你需要将软件再次切换回中文版时，将zh_CN文件夹粘贴回来即可，如图1-2-23所示。

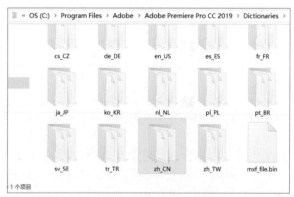

图1-2-23　中英文版本切换

## 1.2.2　首选项

**01** 在开始学习制作项目之前，我们需要对Premiere Pro软件进行设置。在菜单栏选择"编辑">"首选项">"外观"，进入外观面板选项卡，如图1-2-24所示。

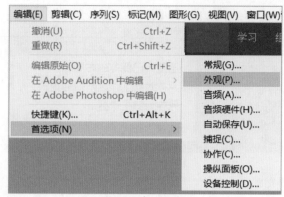

图1-2-24　首选项

**02** 弹出"首选项"对话框后，我们可以在"亮度"设置深灰到浅灰的界面颜色，如图1-2-25所示。

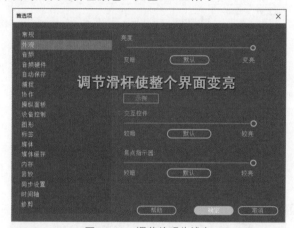

图1-2-25　调节外观为浅灰

**03** 单击"自动保存"，可设置项目文件自动保存的时间间隔与自动保存的文件数，如图1-2-26所示。

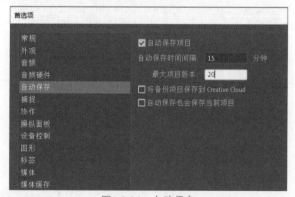

图1-2-26　自动保存

**知识补充** 默认的自动保存位置，处于当前工程目录文件夹当中。

**04** 单击"媒体缓存"，由于Premiere Pro在预览视频时会生成大量媒体缓存信息，所以需要经常单击"删除未使用项"清理媒体缓存，如图1-2-27所示。

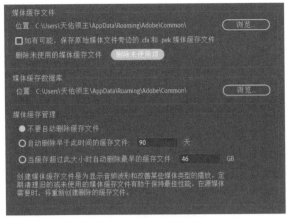

图1-2-27　清除缓存信息

**知识补充** 媒体缓存文件不属于病毒，并且默认的保存位置在C盘，长期不清理会导致系统运行变慢。

**05** 单击"时间轴"，我们可以设置"视频/音频过渡默认持续时间"与"静止图像默认持续时间"，推荐将"静止图像默认持续时间"修改为5秒，如图1-2-28所示。

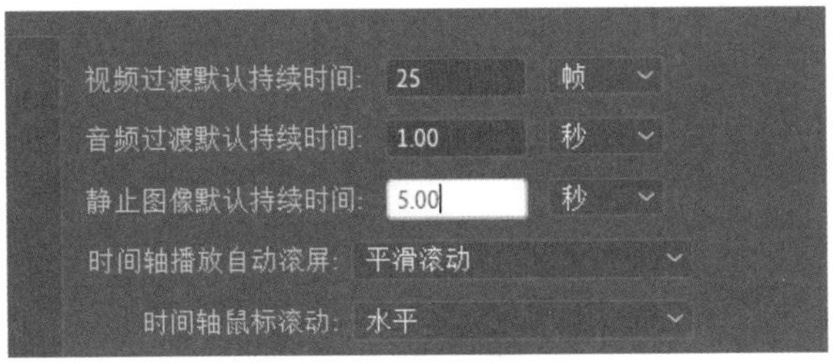

图1-2-28　时间轴设置

### 1.2.3　常用快捷键

**01** 如果你不习惯Premiere Pro当前版本的快捷键设置，可以在菜单栏选择"编辑" > "快捷键"，将键盘布局预设改回之前的"Adobe Premiere Pro CS 6"，如图1-2-29、图1-2-30所示。

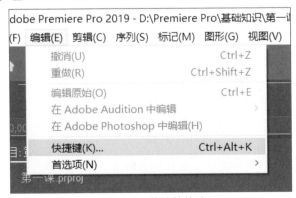

图1-2-29　修改快捷键

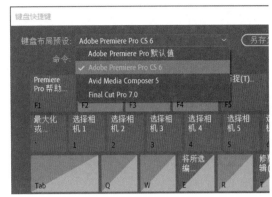

图1-2-30　本书快捷键使用的是Pro CS 6预设

**02** 这里罗列出了笔者常用的快捷键，如果快捷键失效，请自查以下两点：切换为英文输入法；设置Adobe Premiere Pro CS 6键盘布局预设。

Shift+ 1　项目面板；

Shift+ 2　源监视器；

Shift+ 3　时间轴；

Shift+ 4　节目监视器；

Shift+ 5　效果控件面板；

Shift+ 6　音频仪表；

Shift+ 7　效果面板；

V　选择工具；

C　剃刀工具；

`（重音符号键）将所激活的窗口最大化/再次单击恢复窗口默认大小；

Shift+ `最大化节目监视器（2018版）；

Space（空格键）播放/停止切换；

←/→　前进/后退一帧；

Shift+ ←/→　前进/后退5帧；

↑/↓　转到上/下一个编辑点；

Shift+↑/↓　转到任意轨道的上/下一个编辑点；

Alt+ ←/→　剪辑前进/后退一帧；

Alt+Shift+ ←/→　剪辑前进/后退5帧；

Backspace/Delete　删除素材；

=/- 以播放指示器为中心放大/缩小轨道；

I/O　标记入点/标记出点；

Shift+I　转到入点；

Shift+O　转到出点；

Shift+Delete　删除对齐前项；

Ctrl+Z　撤销；

Ctrl+Shift+Z　重做；

\ 缩放到序列；

Enter　渲染工作区域内的效果；

Delete　清除。

# 1.3 剪辑练习

本节学习Premiere Pro的第一个案例,从将一部电影分解成镜头开始,了解Premiere Pro如何将视频进行裁剪与组合,最后输出为新的视频文件。

## 1.3.1 剪辑景别与摄像机运动

**01** 设置项目文件夹。在上一节创建的Premiere Pro文件夹下,新建一个"剪辑练习"文件夹,然后将视频文件复制进去,如图1-3-1所示。

> **知识补充** 每一个项目都要有属于自己的单独项目文件夹,并且这个文件夹不要放置到桌面。

图1-3-1 设置项目文件夹——剪辑练习

**02** 启动Premiere Pro,在菜单栏选择"文件">"新建">"项目",如图1-3-2所示。

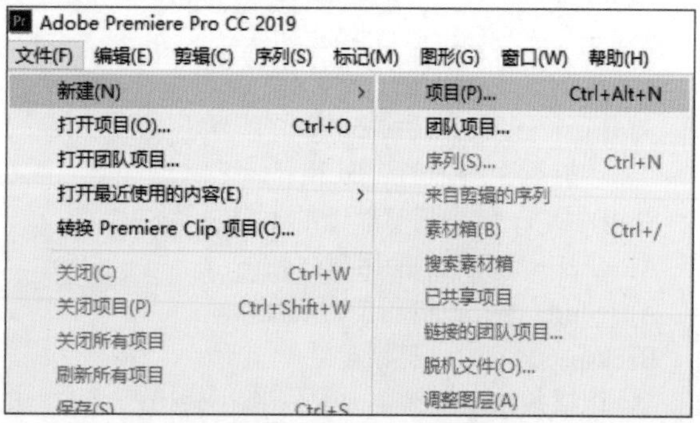

图1-3-2 新建项目

**03** 项目设置。修改项目名称为"剪辑练习",修改项目保存位置,单击"浏览"找到刚才创建的"剪辑练习"文件夹,单击确定,如图1-3-3所示。

> **知识补充** 如果你的计算机使用AMD显卡,渲染程序请选择OpenCL加速;如果有一个NVIDIA显卡,则需要选择CUDA加速。

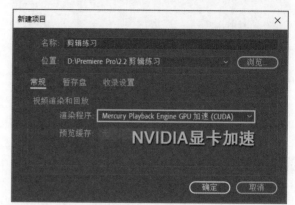

图1-3-3 设置项目名称位置及显卡加速

**04** 回到D盘的"剪辑练习"文件夹,我们看到文件夹内多了一个"剪辑练习.prproj"的文件,这个文件就是我们创建并保存的Premiere Pro的项目工程文件,如图1-3-4所示。

图1-3-4 项目文件

**05** 回到Premiere Pro,找到左下角的项目面板。在空白处双击导入素材,如图1-3-5所示。

> **知识补充** 如果你的视频素材不能导入,请使用"格式工厂"进行转码,转成MP4视频格式。
>
> 像MKV这种超清蓝光格式可能内置3条音轨,但是导入Premiere Pro会没有声音,所以也要使用"格式工厂"进行声音转码,转成MP3音频格式。

图1-3-5　导入素材

**06** 将导入的素材拖到"新建项"。这样会以素材大小创建一个新序列，如图1-3-6所示。

图1-3-6　新建序列

**07** 项目面板也多了一个代表"序列"的图标，如图1-3-7所示。可以在时间轴面板拖动蓝色的"播放指示器"快速浏览视频，节目监视器面板会显示当前帧所在的画面。

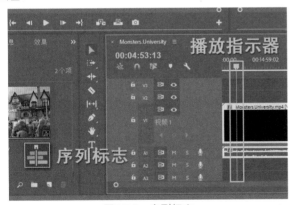

图1-3-7　序列标志

**08** 浏览素材。时间轴左上角的"播放指示器位置"显示当前时间为13分29秒18帧，如图1-3-8所示。

我们可以按下空格键，播放/停止视频；或者按键盘的方向键←/→，前进或后退一帧观察素材；还可以按住Shift+←/→，前进或后退5帧地预览素材。

图1-3-8　预览素材常用操作

**09** 剪辑全景。让我们再回忆下什么是全景？全景就是人物的全身。我们在电影的8分40秒18帧左右找到了一个标准的全景。

选择工具面板的剃刀工具◣后单击进行裁剪，可以看到视频被分成了两截，如图1-3-9所示。

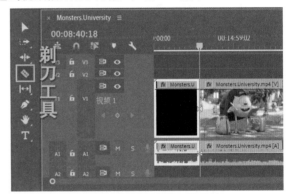

图1-3-9　剃刀工具粗剪，快捷键C

**10** 我们可以拖动下方和右侧的时间滑块在时间轴放大素材，以方便观察。还可以按键盘的=/-，以当前"播放指示器"为轴心进行放大与缩小时间轴，如图1-3-10所示。

图1-3-10　放大轨道

**11** 精准剪辑。按住键盘的←/→方向键，逐帧前进后退，进行精确定位，然后再次使用剃刀工具裁剪出新的初始位置，如图1-3-11所示。

这个全景片段的初始帧在8分40秒07帧，结束帧在8分41秒11帧。

图1-3-11 精准剪辑

**12** 在工具面板单击选择工具 ▶，选择第一段剪辑，按Delete键删除不需要的剪辑片段，如图1-3-12所示。

图1-3-12 删除不需要的剪辑片段

**13** 在删除的空白区右击，单击"波纹删除"，将素材快速对齐到初始位置，用同样的方法将片段的结尾部分也断开，最后按空格键再次预览这个全景素材，如图1-3-13所示。

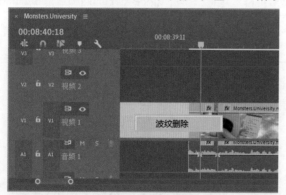

图1-3-13 波纹删除

**14** 如果没有问题，我们可以按键盘的↓方向键，转到下一个编辑点，直接跳到当前剪辑素材的结束位置。但这一帧是黑的，所以按←键前跳一帧，最后单击"标记出点"。

**入点和出点**：定义剪辑或序列的某一特定部分，用

于回放或者渲染，如图1-3-14所示。

图1-3-14 设定输出区域

**15** 导出媒体。按键盘的Ctrl+M，输出这个区间，或者从菜单栏中选择，如图1-3-15所示。

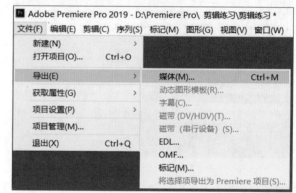

图1-3-15 导出媒体

**16** 在"导出设置"对话框中，修改视频输出范围为"序列切入/序列切出"，导出格式选择"H.264"，输出名称改为"全景"，最后单击"导出"输出视频，如图1-3-16、图1-3-17所示。

如果没有H.264或者输出有问题，请安装相应版本的**Adobe Media Encoder**。这是一款由Adobe 公司出品的专门用于视频和音频编码的软件。

图1-3-16 导出设置（一）

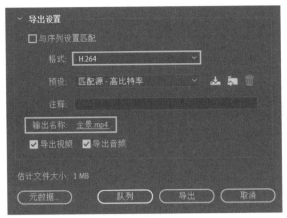

图1-3-17　导出设置（二）

## 1.3.2　剪辑高级技巧

熟练运用以上技巧后，让我们再学习一下剪辑的高级操作技巧（这些技巧并不需要在本节掌握，可以在学习更多Premiere Pro的命令之后再回头看这一部分）。

**01** 重新将素材拖到新建项上创建新序列，按下空格键预览序列，看到2分58秒19帧，这个较好的镜头可以作全景使用。单击"添加标记"创建一个标记点，如图1-3-18所示。

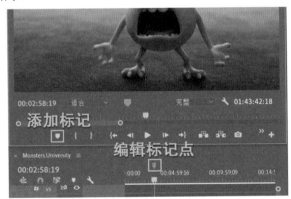

图1-3-18　添加标记

**02** 双击编辑标记，修改名称为"1全景"；同时设置标记颜色，方便下次查找，如图1-3-19所示。

继续预览全片，每当看到较好的镜头时，单击"添加标记"并进行备注。

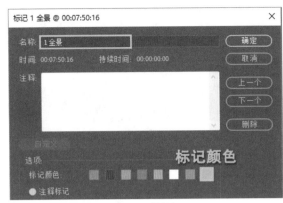

图1-3-19　编辑标记

**03** 将整个影片全部标记后，就可以在时间标尺处右击使用"转到上/下一个标记"命令，找到所设定的标记点，如图1-3-20所示。

图1-3-20　转到上/下一个标记

**04** 按键盘=/-键，以"播放指示器"为中心放大轨道。使用键盘←/→方向键逐帧查找区间，最后标记入点与出点，如图1-3-21所示。

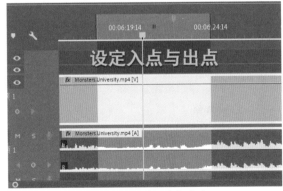

图1-3-21　设定入点与出点

**05** 在节目监视器面板单击"按钮编辑器"，将"循环播放"拖到工具栏。

激活"循环播放"后，按空格键预览时，只会反复预览序列的入点与出点这段区间，如图1-3-22所示。

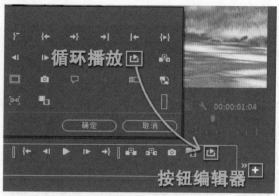

图1-3-22　循环预览

**06** 按键盘的Shift+`可以最大化节目监视器面板；再次按Shift+`恢复到之前的面板大小(这条命令基于2019之前的版本)，如图1-3-23所示。

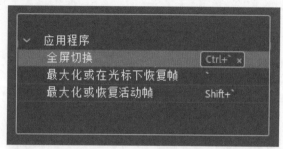

图1-3-23　全屏预览切换

**07** 如果预览时出现卡顿，可按Enter键渲染入点到出点的效果，使时间轴上的红线变成绿色，这样预览视频时就会非常流畅，如图1-3-24所示。

图1-3-24　渲染入点到出点

**08** 校色。使用Lumetri范围监视图像颜色，使用Lumetri颜色对画面颜色进行调整，使颜色波形内的颜色分布均匀、不严重偏向某个区间。

　　电影的画面本身是没有问题的，但是很多时候为了烘托气氛会将画面故意压暗，所以进行简单的颜色微调即可，如图1-3-25所示。

图1-3-25　Lumetri范围与Lumetri颜色面板

**09** 音频标准化处理。单击音频素材，在菜单栏选择"剪辑" > "音频选项" > "音频增益"，选择"标准化最大峰值为：0 dB"，如图1-3-26所示。

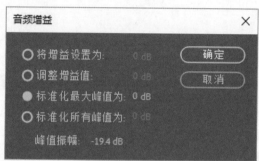

图1-3-26　音频标准化处理

**10** 按Ctrl+M导出媒体，完成一个镜头的剪辑，如图1-3-27所示。

图1-3-27　导出影片

**11** 回到Premiere Pro，在时间标尺右击选择"清除入点和出点"然后单击"转到下一个标记"，开始制作下一个镜头，如图1-3-28所示。

图1-3-28　标记切换

**12** 有些计算机第一次打开Premiere Pro时，源监视器面板显示的画面为绿色，这是因为显卡有问题，需要升级显卡驱动，如图1-3-29所示。

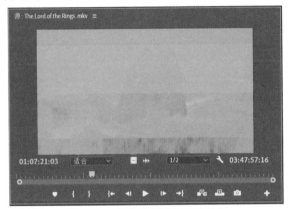

图1-3-29　源监视器面板显示绿色

**13** 在菜单栏选择"文件">"关闭所有项目"，然后重新"新建项目"，在渲染程序选项卡中，改为"仅Mercury Playback Engine软件"即可，如图1-3-30所示。

图1-3-30　更改视频渲染程序

作业：剪辑一部电影，上交5个景别、17个摄像机运动的镜头剪辑片段，输出为MP4格式，完成效果如图1-3-31所示。

图1-3-31　作业示范

注意：①确保每个剪辑片段的开头和结尾不能多帧少帧；②确保剪辑的每一个片段都要展现一个完整的镜头或故事情节；③选取全片最好的镜头。

总结："镜头"是构成影视剧本的最小单位，通常一部电影由一千多个镜头组成。

根据视距的远近，分为不同景别（远、全、中、近、特）；根据不同的拍摄方法，分为固定镜头和运动镜头（推、拉、摇、移、跟、俯、仰）；根据描写方法，分为主观镜头与客观镜头。

"场面"是构成影视剧本的基本单位，以事件或地点的转移为划分标准，在同一时间和地点中展示的情节为一个场面，通常由一组镜头或一个镜头组成。

"段落"为表现影片一整段剧情的一组场面。现代影片大概可以分为二十个段落。

# 第2章　常用面板介绍

## 2.1　项目面板

项目面板的切换快捷键为Shift+1，用于对媒体素材进行导入、管理或删除，可以在"新建项"里选择新建序列/颜色遮罩/调整图层，如图2-1-1所示，为项目面板常用命令。

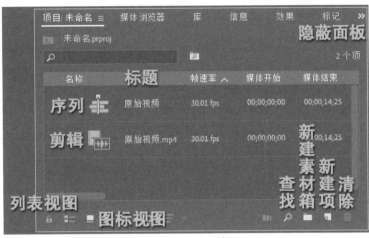

图2-1-1　项目面板

### 2.1.1　导入素材

**01** 有四种常用的方式可以导入媒体/素材。在项目面板空白处双击导入媒体，或者在项目面板空白处右击在弹出的菜单中选择"导入"添加媒体。

也可以使用快捷键Ctrl+I导入媒体，还可以直接将文件夹内的媒体/素材拖进来，如图2-1-2所示。

图2-1-2　导入媒体素材

**02** 项目面板中显示的所有视频、音频和图片文件，实际上只是这些文件的链接。无论如何编辑项目中的媒体/素材，都不会修改原始的媒体文件。

但是当在Windows中移动了这些文件，Premiere Pro会显示媒体/素材链接丢失，如图2-1-3所示。所以应该首先创建一个"项目文件夹"，将这些素材复制进去后，再将媒体文件导入项目面板。

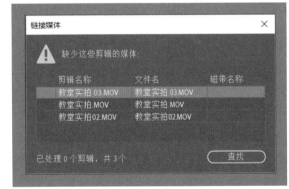

图2-1-3　媒体/素材丢失

**03** 创建项目文件夹。用Premiere Pro创建项目、导入剪辑之前，我们要将手中所有关于项目的素材创建文件夹进行分类管理，如创建"参考""视频素材""音频素材""图片""字体库"等文件夹。

将素材复制进"项目文件夹"进行管理，这一点在大型项目上尤其重要，请注意"项目文件夹"不要图省

事建在桌面，这是很多新手容易犯的错误。一个规范的
"项目文件夹"如图2-1-4所示。

图2-1-4　规范的项目文件夹

**04** "剪辑"这个词，最初描述的是分段电影胶片。项目
面板中的任何媒体/素材/视频，可以统称为"剪辑"，
例如"视频剪辑"或者"音频剪辑"。

　　为了方便读者理解，在项目面板我们还是可以称其
为"素材"，但是拖到时间轴上进行裁剪编辑后，我们
就必须称其为"剪辑"。

**05** 导入多个素材。按住Shift键选择需要导入素材的开始
与结尾进行全部导入。

　　按住Ctrl键对需要导入的素材进行单独加选或者减
选，如图2-1-5所示。

图2-1-5　导入多个素材

**06** 导入文件夹。如果需要将整个文件夹的媒体素材全部
导入，请单击"导入文件夹"。

　　如果是图像序列，请选择需要导入序列的第一张图
片，然后勾选"图像序列"，如图2-1-6所示。

**07** 注意：有些格式如RMVB与FLV等不能导入Premiere
Pro，因为这是版权保护，所以你不能对原始视频进行随
意编辑。

　　如果你需要这个素材，可以使用"格式工厂"对其
进行格式转码，如将视频转换成MP4格式，但视频质量
会受到一定程度的影响，如图2-1-7所示。

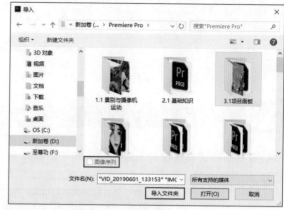

图2-1-6　导入文件夹与序列

图2-1-7　用格式工厂将视频转为MP4格式

**08** 清除剪辑。对于不需要的素材单击🗑清除剪辑或者按
键盘的Delete键进行删除，如图2-1-8所示。

图2-1-8　清除素材

**09** Premiere Pro中有"列表""图标""自由"三种视
图模式对剪辑进行显示。图标视图可以查看素材的缩略
图与持续时间。

　　如果是视频素材，可以将鼠标指针悬浮在视频上
滑动预览或者直接双击将其在源监视器窗口打开，如
图2-1-9所示。

图2-1-9　图标视图

⓾ 单击列表视图，我们可以从图标视图切换成列表视图，以查看素材的属性信息，如图2-1-10所示。

图2-1-10　列表视图是最常用的视图模式

⓫ 但是现在显示的剪辑信息过多，我们需要优化显示。在名称位置右击，在弹出的元数据显示中，保留我们需要的信息（如标签、帧速率、视频持续时间、视频信息、音频信息）即可，如图2-1-11、图2-1-12所示。

![元数据显示]

图2-1-11　元数据显示

图2-1-12　优化元数据显示

⓬ 自由变换视图。Premiere Pro在2019年4月进行版本更新时，添加了一个新的"自由变换"视图，如图2-1-13所示。该视图可以按照故事板或者镜头顺序等标准，自由地排列剪辑、预览缩略图，甚至添加入点和出点进行粗剪，然后将它们拖入时间轴做进一步的编辑处理。

图2-1-13　自由变换视图

⓭ 边缘对齐。按住Alt键拖动素材，可以使素材的边缘与另一个素材的边缘相对齐，如图2-1-14所示。

图2-1-14　边缘对齐

⓮ 对齐网格。可以框选需要的素材，右击在弹出的菜单中选择"对齐网格"，使素材按照网格线进行排列，如

图2-1-15所示。

图2-1-15　对齐网格

**15** 按快捷键Shift+8打开媒体浏览器，可以将多种格式如JPEG、PSD、XML、ARRIRAW的文件在Premiere Pro内作为视频剪辑进行浏览。

选定媒体素材后，右击在弹出的菜单中选择"导入"，将媒体素材导入项目面板，如图2-1-16所示。

图2-1-16　使用媒体浏览器将素材导入项目面板

**16** 最后让我们学习项目面板中四个常用图标：图片、视频剪辑、序列与音频剪辑，如图2-1-17所示。

图2-1-17　常用素材图标

## 2.1.2　管理素材

**01** 当有大量的素材时，可单击"新建素材箱"，然

后分别重命名为"图片""序列""字幕""视频素材""音频素材"，最后将素材全部拖入相应素材箱中，如图2-1-18所示。

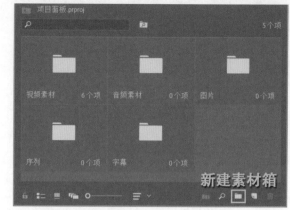

图2-1-18　新建素材箱对素材进行分类

**02** 双击素材箱的文件夹，从项目面板进入素材箱面板。可以按快捷键Shift+1在素材箱面板和项目面板之间进行切换。

或者在素材箱左上角单击"向上导航"图标回到项目面板中，如图2-1-19所示。

图2-1-19　面板切换

**03** 可以在素材箱选项卡上的菜单处右击，选择"浮动面板"使素材箱浮动，如图2-1-20所示。

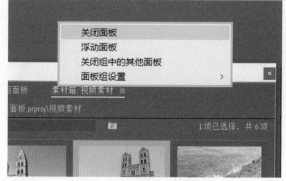

图2-1-20　浮动/关闭面板

**04** 如果素材较多，可以使用更加详细的分类方式。例如视频剪辑较多，可以在视频素材文件夹下，再次创建新的"子素材箱"，根据拍摄时间进行命名分类，如图2-1-21所示。

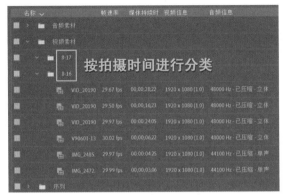

图2-1-21　按拍摄时间分类

**05** 也可以使用颜色对剪辑进行分类。选择素材右击，单击"标签">"加勒比海蓝色"，对素材的标签颜色进行更改，如图2-1-22所示。

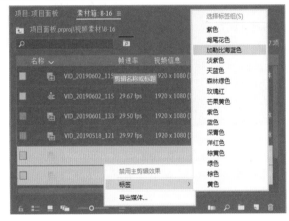

图2-1-22　标记素材颜色

例如，可以将拍摄的教堂镜头统一设置为"淡紫色"，这样我们就能很轻松地在序列中找到全部关于教堂的镜头，如图2-1-23所示。

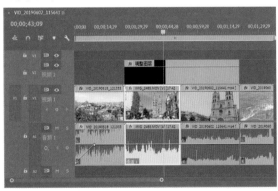

图2-1-23　对相同类型的镜头设置统一的标签颜色

**06** 重命名。剪辑导入Premiere Pro之后，我们可以右击对其"重命名"，但是这个命名并不会破坏它们在Windows中的命名，只是在Premiere Pro中进行了更改，这样方便查找与使用。

如果忘记了素材在Windows中的位置，可以右击选择"在资源管理器中显示"，重新查看剪辑在Windows中的位置，如图2-1-24所示。

图2-1-24　查看素材在Windows中的位置

**07** 过滤素材箱内容。如果素材因为移动位置或者被意外删除导致丢失，我们可以在搜索框输入素材"名称"或"格式"使用素材过滤功能，查找丢失的素材，如图2-1-25所示。

图2-1-25　查找丢失的素材

**08** 替换素材。查找到丢失的素材后，选择丢失的素材右击，在弹出的菜单中找到"替换素材"，将丢失的素材替换即可，如图2-1-26所示。

图2-1-26 替换新素材

**09** 查看素材属性。选择视频/音频素材后，右击在弹出的菜单中找到"属性"，可以查看当前素材的详细信息，如图2-1-27所示。

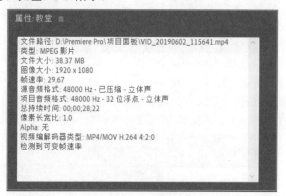

图2-1-27 查看素材属性

请注意，视频的"图像大小""帧速率""像素长宽比"与序列设置不一致时，都会导致视频导入序列时出现问题。

**10** 移除未使用资源。项目制作完成准备打包收藏时，在菜单栏选择"编辑">"移除未使用资源"，将未使用的素材进行删除，如图2-1-28所示。

图2-1-28 移除未使用资源

**11** 打包项目。项目制作完成之后，在菜单栏选择"文件">"项目管理"，如图2-1-29所示。

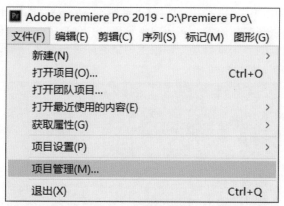

图2-1-29 项目管理

**12** 在弹出的"项目管理器"中，可以设定项目文件保存路径，如图2-1-30所示。

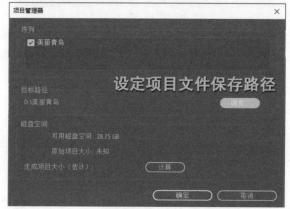

图2-1-30 项目管理器

使用项目管理器可以将项目中的序列与使用到的所有素材从硬盘的各个角落全部抓取，保存到新设定的文件夹当中。

### 2.1.3 新建项

**01** 可以在项目面板的"新建项"里创建序列、颜色遮罩及调整图层等，如图2-1-31所示。

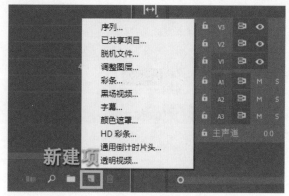

图2-1-31 新建项

**02** 创建序列。依据时间顺序，可以将视频剪辑、音频剪辑、图形和字幕等众多元素拼合成一个完整的影片，如图2-1-32所示。

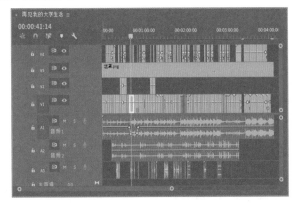

图2-1-32　一个标准的多轨序列

**03** 使用脱机媒体文件。在一个短片当中，如果知道一个素材大约多长、在什么位置，但是素材还没有拍摄，就可以用"脱机媒体文件"代替，等素材到位替换即可，如图2-1-33所示。它用了10种语言告诉你它就是一个"占位符"。

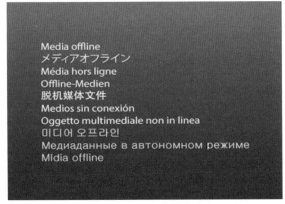

图2-1-33　脱机媒体文件

**04** 调整图层。该功能会创建出一个与序列大小相同，但本身不可见的图层。它被用于添加特效属性或者对短片进行整体或局部校色处理，如图2-1-34所示。

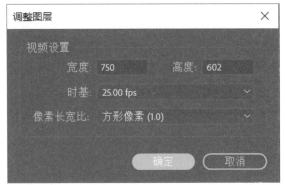

图2-1-34　调整图层

**05** 颜色遮罩。单击后会弹出一个拾色器，单击选择颜色。用于校色或者添加颜色图层，如图2-1-35所示。

图2-1-35　颜色遮罩

# 2.2 源监视器与节目监视器

源监视器：快捷键Shift+2，用于查看视频/音频素材。可为准备添加到序列的素材设置入点、出点和标记，然后再添加到序列当中，常用命令如图2-2-1所示。

图2-2-1 源监视器面板常用命令

节目监视器：快捷键Shift+4，用于查看序列的最终结果。可以设置序列的入点和出点，用于删除、编辑、渲染或导出序列。

## 2.2.1 源监视器预览素材

**01** 在项目面板双击素材使其在源监视器显示。预览素材时可采用以下几种操作方式：

（1）按空格键播放/停止。

（2）按J键可以反向播放，K键暂停，L键正向播放。

（3）键盘的←/→方向键，可以逐帧播放剪辑。Shift+←/→键，可以5帧5帧地转跳。

（4）将鼠标指针悬停画面之上滚动鼠标滑轮，也可以逐帧播放素材。

（5）拖动蓝色的"播放指示器"进行快速预览，如图2-2-2所示。

图2-2-2 源监视器面板预览素材常用操作

**02** 观察时间码。所有监视器都有两个时间码。"时间码"以时：分：秒：帧（00：00：00：00）的方式进行显示。

如图2-2-3所示，左侧蓝色时间码为"播放指示器位置"，显示当前所在的时间为14秒12帧。右侧白色时间码记录了整段剪辑的入点与出点的持续时间为2分41秒8帧。

图2-2-3 时间码

**03** "播放指示器位置"与时间轴面板中的"播放指示器"相对应，如图2-2-4所示。

图2-2-4 播放指示器位置与播放指示器

**知识补充** 如果需要将"播放指示器"调节到2秒钟，在"播放指示器位置"中输入200即可；如果需要将"播放指示器"调节到2分钟，在"播放指示器位置"中输入20000。

**04** 默认的缩放级别是"适合"，即增大源监视器面板的边界框时，画面尺寸也随之增大。

很多素材的分辨率大于源监视器，当需要查看视频细节的时候，可以将缩放级别调为100%，然后使用底部和右侧的滚动条查看其他细节，如图2-2-5所示。

图2-2-5　滚动条

**05** 激活面板最大化。以激活节目监视器为例，可以采用如下的操作方式：

（1）单击节目监视器将其激活（边框蓝色高亮显示）。

（2）如果当前为中文输入法，单击Caps Lock（大写锁定键）进行切换。

（3）单击 ` 键，将当前面板最大化充满整个屏幕，再次单击 ` 键恢复到面板默认尺寸，如图2-2-6所示。

图2-2-6　激活面板最大化

**06** 设置回放分辨率，如图2-2-7所示。当预览素材时出现卡顿，这是因为受限于CPU与显卡运算速度、内存大小与硬盘的速度，导致系统无法正常播放媒体。

图2-2-7　回放分辨率

我们可以将回放分辨率由"完整"改为"1/2"或"1/4"，降低分辨率意味着无法看清图像的每个像素，但是这样可以显著提升系统性能，加速预览。

### 2.2.2　入点与出点

**01** 入点和出点定义了剪辑或序列的某一特定区间。将 ⬛ 拖到30秒14帧时，单击"标记入点"或者按键盘的I，设置需要截取视频素材的第一帧，如图2-2-8所示。

图2-2-8　标记入点

**02** 将 ⬛ 拖到1分32秒3帧处，单击"标记出点"或者按键盘的O，设置需要截取视频素材的最后一帧。"入点与出点持续时间"由原来的2分41秒18帧变成了现在的1分11秒20帧。

现在将这段修剪过的剪辑添加到序列上时，只会选取这个为1分11秒20帧的片段而并非整段剪辑，如图2-2-9所示。

图2-2-9　标记出点

**03** 设置好入点与出点之后，在源监视器单击"插入"即可将剪辑插入到"播放指示器"所在的时间位置之前，如图2-2-10所示。

图2-2-10　插入剪辑

**04** 有多种方式将视频剪辑添加给序列。可以直接将剪辑拖到序列的视频轨道上，也可以将素材由源监视器面板直接拖到节目监视器之上，选择插入模式即可，如图2-2-11所示。

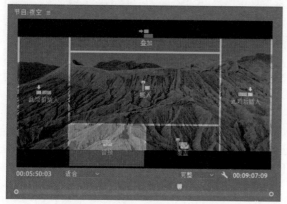

图2-2-11　将剪辑拖到节目监视器

**05** 如果仅需要视频剪辑，单击"仅拖动视频"图标，这样只有视频素材会被拖到时间轴之上而忽视音频。同理单击"仅拖动音频"图标，这样只有音频素材被拖动到序列之上而忽视视频，如图2-2-12所示。

图2-2-12　仅拖动视频/音频

**06** 如果媒体本身带有声音，单击"仅拖动音频"图标可以查看音频波形的大小，如图2-2-13所示。

图2-2-13　查看音频波形

**07** 在时间轴上，当我们设置好入点与出点之后，在节目监视器面板单击"提升"图标可以将指定的区域删除（保留在剪贴板之上），并留下空隙。如果单击"提取"则不会留下空隙。

如果还需要这段被提升的剪辑，可以将播放指示器移至要粘贴的位置，选择"编辑"＞"粘贴"，或者按Ctrl+V，进行粘贴即可，如图2-2-14所示。

图2-2-14　节目监视器提取与提升

**08** 循环播放（循环按钮需要使用"按钮编辑器"将其调出），在设定入点与出点后，单击"循环播放"图标，然后按空格键播放剪辑时，只会反复播放我们设定的这段区间，如图2-2-15所示。

图2-2-15　循环播放

**09** 设定了入点与出点后，在渲染时我们可以选择只渲染序列的这段区间，如图2-2-16所示。

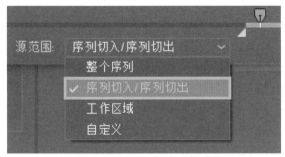

图2-2-16　渲染选定区间

### 2.2.3　源监视器与节目监视器的不同之处

**源监视器**使用插入与覆盖，将剪辑片段添加到序列当中。**节目监视器**使用提升与提取，将剪辑片段从序列中移除。下面通过案例讲解源监视器与节目监视器在帧速率显示方式上的不同之处。

**01** 在D盘的Premiere Pro文件夹内，创建一个"监视器"文件夹，然后导入"芦晴.mp4"文件。

在项目面板选择"芦晴. mp4"，单击信息面板看到这个素材的帧速率为30帧/秒、总持续时间为3秒13帧（总帧数为103），如图2-2-17所示。

图2-2-17　查看剪辑属性

**02** 将"芦晴.mp4"拖到"新建项"创建序列，在效果面板搜索"时间码"将其拖到序列的素材上，单击效果控件修改"时间码"参数，如图2-2-18所示，如果时间不匹配请将位移数值调节为1。

**03** 看到现在节目监视器上显示的时间码与时间轴上的时间码保持一致，如图2-2-19所示。

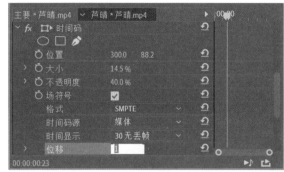

图2-2-18　添加时间码

图2-2-19　时间码一致

**04** 按键盘的Ctrl+M输出影片。输出格式为H.264，输出名称为"芦晴时间码.mp4"，如图2-2-20所示。输出完成后，将视频再次导入Premiere Pro当中。

图2-2-20　输出媒体

**05** 按快捷键Ctrl+N新建序列，时基为25帧/秒，帧大小为960×540，如图2-2-21所示。

图2-2-21　新建项目

**06** 双击"芦晴时间码"这个剪辑使其在源监视器面板显示，将播放指示器拖到1秒29帧可以看到，画面上的数字也为1秒29帧。

这就说明源监视器播放剪辑时，采用的帧速率为视频剪辑原始的帧速率，如图2-2-22所示。

图2-2-22　源监视器面板时间码相同

**07** 选择节目监视器，也将播放指示器拖到1秒24帧，可以看到画面上的数字却为1秒28帧，如图2-2-23所示。

这说明节目监视器播放的时候采用序列的帧速率进行播放，将原始剪辑的每秒30张画面强制压缩为每秒25张画面。

图2-2-23　节目监视器面板时间码不同

**08** 那么我们将剪辑的帧速率调节成25帧/秒再导入序列当中，能否每一帧完美匹配？

再次选择"芦晴时间码"这个剪辑，右击选择"修改">"解释素材"，如图2-2-24所示。

**09** 将帧速率改为25帧/秒，持续时间也增加到4秒3帧（注意解释素材还可以调整剪辑的像素长宽比、场序），如图2-2-25所示。

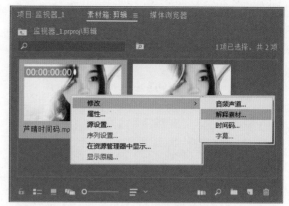

图2-2-24　解释素材

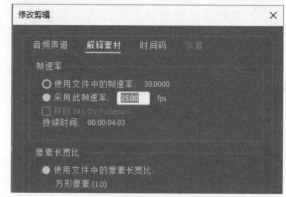

图2-2-25　调整剪辑帧速率

**10** 解释素材后，保证了总画面帧数保持不变，原剪辑的总帧数有103帧，现在采用每秒25帧的方式进行换算，由3秒13帧增加到4秒3帧，时间变长并不能完美匹配，如图2-2-26所示。

图2-2-26　不能完美匹配

**11** 总结如下：源监视器面板采用素材的帧速率进行播放，节目监视器面板采用序列帧速率进行播放。很多时候项目是25帧/秒的，但是我们的剪辑是30帧/秒，可以直接将其拖到序列上。Premiere Pro会自动以时间为单位帮我们进行智能压缩。

### 2.2.4 添加标记

**01** 预览素材的时候遇到重要的时间点，单击"添加标记"即可。它的快捷键是M。**当选择了剪辑，按M键添加标记会将标记添加在剪辑之上，当不选择任何剪辑时，添加标记会将标记添加到时间标尺之上**，如图2-2-27所示。

图2-2-27　两种方式添加标记

对剪辑添加标记时，标记会包含在原始媒体文件的元数据中，打开另一个Premiere Pro项目导入这个剪辑后，也会看到之前的标记（也就是说添加标记会以一种特殊的方式破坏源素材）。

**02** 需要回到刚才的标记点的时候，在时间标尺上部右击，在弹出的对话框选择"转到上一个标记"即可快速回到刚才的标记点。

或者单击"清除所选的标记"移除不需要的标记点，如图2-2-28所示。

图2-2-28　标记常用命令

**03** 双击时间标尺上的"标记点"，可以进入标记对话框，设置标记名称与标记颜色，如图2-2-29所示。

图2-2-29　设置标记颜色与标记名称

**04** 设置鼓点/节拍。制作短片的时候，我们可以通过设置标记点找到音乐的节拍或者鼓点/重音，根据节奏实现视频与音乐的完美同步。首先打开本节素材中的视频"汉尼拔踩点剪辑"感受一下鼓点节奏，如图2-2-30所示。

图2-2-30　踩点剪辑参考

**05** 同步视频与音乐节奏。在D盘的Premiere Pro文件夹内，创建一个"节奏剪辑"文件夹，按键盘的Ctrl+N新建序列，命名为"节奏剪辑"，编辑模式为自定义，时基为25帧/秒，帧大小为800×500，像素长宽比为方形像素（1.0），如图2-2-31所示。

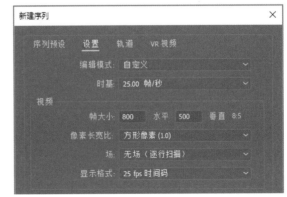

图2-2-31　新建自定义项目

**06** 将背景图拖到序列上（保持现有设置），用效果控件调整位置、缩放，最后添加高斯模糊，如图2-2-32、图2-2-33所示。最后将轨道1锁定。

图2-2-32 效果控件调整背景图片大小

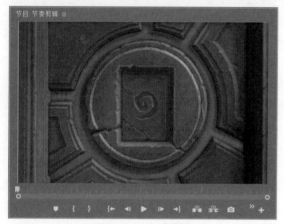

图2-2-33 完成效果

**07** 添加"节奏剪辑.mp3"音频剪辑到音频轨道，拖动底部导航栏将其放大显示，同时锁定视频轨道1防止意外操作，如图2-2-34所示。

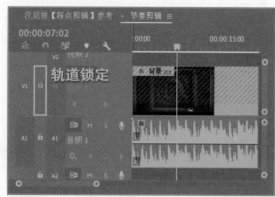

图2-2-34 轨道锁定

**08** 播放音频找到节拍中的重音。单击"添加标记"将标记添加到时间轴之上。第一个标记点在第5帧，第二

个标记点在1秒14帧。基本上每个标记点都是很有规律的，如图2-2-35所示。

图2-2-35 总共有15个重音标记点

**09** 进入图片素材箱，看到15个持续6秒的GIF动画。将播放指示器拖到第0帧，按快捷键Ctrl+A全选所有素材，单击"自动匹配序列"，如图2-2-36所示。

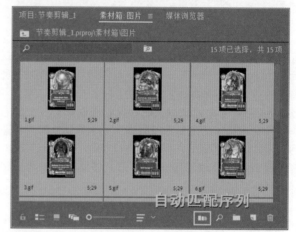

图2-2-36 自动匹配序列

**10** 在弹出的序列自动化对话框里，顺序选择"排序"，至节奏剪辑选择"在未编号标记"，如图2-2-37所示。

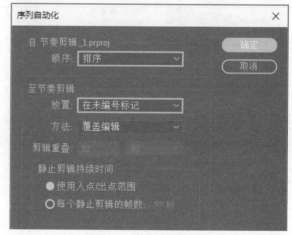

图2-2-37 设置序列自动化

**11** 播放序列可以看到，卡牌跟随音乐的节拍进行转换，完美匹配我们的标记点，只有最后一张卡牌持续时间略长。使用"剃刀工具"将多余部分裁剪即可，如图2-2-38所示。

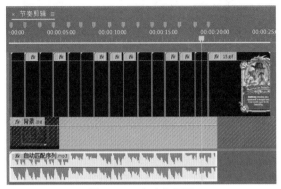

图2-2-38　自动化匹配

**12** 如果自动匹配序列失败请检查三个细节：①标记是否添加到了时间轴上；②播放指示器是否在0帧处；③是否锁定了轨道1。最终效果如图2-2-39所示。

图2-2-39　完成效果卡牌随着鼓点进行切换

### 2.2.5　解释素材

**01** 在源监视器面板右击，在弹出的菜单中还有很多实用的命令，如查看视频的属性、重命名、音频增益等，如图2-2-40所示。

图2-2-40　实用命令

**02** 通过查看属性，仔细检查视频素材的图像大小、帧速率、像素长宽比、声道等信息是否与我们的序列大小匹配，如图2-2-41所示。

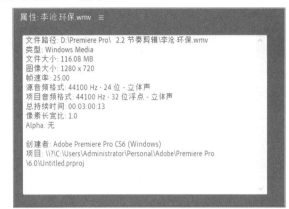

图2-2-41　查看媒体属性

**03** 如果不匹配，在菜单栏选择"剪辑">"修改">"解释素材"，进行重新设置，如图2-2-42、图2-2-43所示。

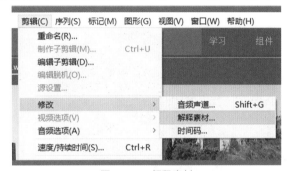

图2-2-42　解释素材

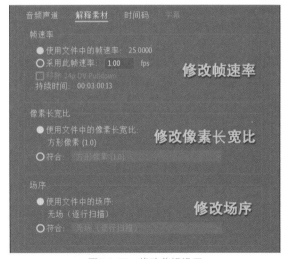

图2-2-43　修改剪辑设置

下面通过案例，讲解如何使用"解释素材"解决素材与项目不匹配的问题。

**01** 按键盘的Ctrl+N新建序列，命名为"解释素材"，编辑模式为自定义，时基为25帧/秒，帧大小为

1920×1080，像素长宽比为D1/DV PAL（1.0940），如图2-2-44所示。

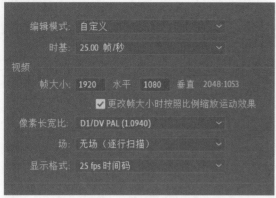

图2-2-44　新建序列设置

[02] 导入"汽车.mov"，双击使其在源监视窗口显示。将"缩放级别"调节为200%，看到汽车边缘出现锯齿状重影，如图2-2-45所示。

图2-2-45　锯齿状重影

[03] 这是因为有些DV摄像机拍摄出的视频，物体在镜头里运动时边缘会出现规则的锯齿状重影。

遇到这类问题，在"解释素材"里统一将素材的"场序"改为"低场优先"即可，如图2-2-46所示。

图2-2-46　场序：低场优先

[04] 将"汽车.mov"添加到序列上，在弹出的"剪辑不匹配警告"里选择"保持现有设置"，如图2-2-47所示。

图2-2-47　剪辑与序列不匹配

[05] 遇到帧大小相同，但是剪辑与序列还是不匹配的问题，基本可以判定是"像素长宽比"出现了问题。将"像素长宽比"修改为序列的像素长宽比大小，看到现在画面大小与序列保持一致，如图2-2-48所示。

图2-2-48　修改像素长宽比

## 2.2.6　标尺与参考线

最后讲解与节目监视器相关的一些常用命令。

[01] 标尺与参考线。Adobe公司在2019年4月左右，对Premiere Pro进行了一次升级，这次升级最大更新是添加了标尺与参考线。首先单击激活节目监视器面板，在菜单栏选择"视图"，勾选"显示标尺""显示参考线"，如图2-2-49所示。

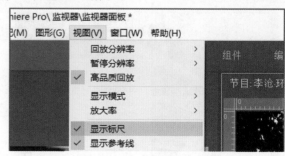

图2-2-49　加载标尺与参考线

[02] 辅助线。可以从"水平标尺"拖动创建水平辅助线，从

"垂直标尺"拖动创建垂直辅助线，如图2-2-50所示。

若要锁定所有辅助线，请选择"视图">"锁定辅助线"。如果需要删除辅助线，选择辅助线，将其拖回水平/垂直标尺即可。

图2-2-50 水平与垂直标尺辅助线

**03** 更改测量单位。右击标尺以在像素和百分比测量选项之间切换，如图2-2-51所示。

图2-2-51 更改测量单位为百分比

**04** 安全边距。菜单栏选择"视图">"参考线模板">"安全边距"，可以将参考线作为安全边距使用，如图2-2-52所示。

图2-2-52 安全边距

在之前版本的Premiere Pro中是没有参考线的，所以如果要使用安全边距，有两种方式可以将其激活。

一种是单击"按钮编辑器"图标➕，找到"安全边距"图标将其拖到常用按钮里即可，如图2-2-53所示。

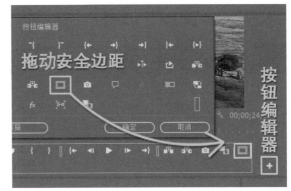

图2-2-53 调出安全边距

也可以在节目监视器面板右击，在弹出的对话框中勾选"安全边距"，如图2-2-54所示。

图2-2-54 勾选安全边距

安全边距分为外框"动作安全区域"与内框"字幕安全区域"，如图2-2-55所示。

图2-2-55 外框与内框

视频在电视台播放时，"动作安全区域"之外的区域可能会被裁剪掉，同理字幕要在"字幕安全区域"当中才能保证文字的安全。

**05** 渲染单帧。在源监视器与节目监视器上，按键盘的Ctrl+Shift+E或者单击📷照相机图标，可以创建一张当前帧的静止图像,如图2-2-56所示。

图2-2-56  导出帧

**06** 导出帧的格式,建议选择JPEG或者带有Alpha通道的PNG格式,如图2-2-57所示。

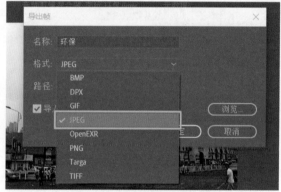

图2-2-57  保存为JPEG或PNG格式

**07** 透明网格。在节目监视器单击设置图标🔧,可以勾选"透明网格",如图2-2-58所示。

图2-2-58  透明网格

## 2.3 时间轴面板

时间轴的快捷键为Shift+3。可以在时间轴上创建一个或者多个序列，然后在其中添加视频、音频、字幕与图形，最后对其进行剪辑与组合，如图2-3-1所示。

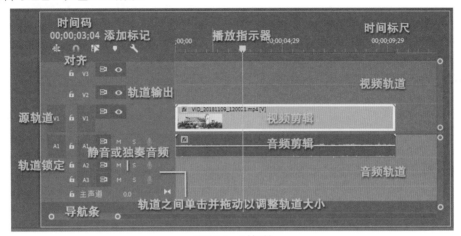

图2-3-1 时间轴

### 2.3.1 设置序列

**01** 新建序列。默认的时间轴上没有任何序列。按键盘的Ctrl+N新建序列，然后在"序列预设"里选择一个符合项目要求的预设。当前选择的是HDV 720p25的预设，如图2-3-2所示。

这个序列的视频宽度为1280个像素点、高度为720个像素点。帧速率为25帧/秒，像素长宽比为方形像素，场为无场（逐行扫描）。

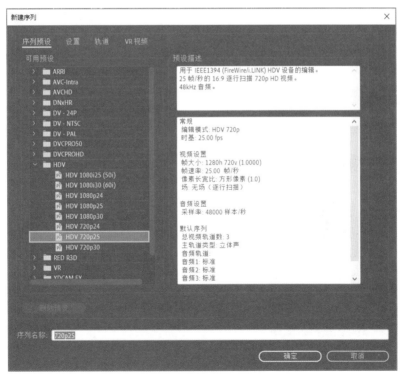

图2-3-2 序列预设选项卡能让设置新序列变得简单

02 自定义序列设置。当制作"抖音"竖屏短视频时，选择"设置"选项卡，依次修改编辑模式为自定义、时基为24帧/秒、帧大小为720×1280、像素长宽比为方形像素（1.0），如图2-3-3所示。

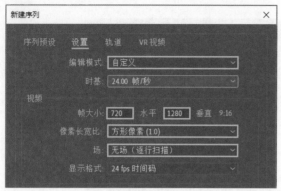

图2-3-3　制作抖音视频序列设置

知识补充 ① 时基：24帧/秒用于编辑电影胶片，25帧/秒用于编辑 PAL和SECAM视频，29.97帧/秒用于编辑NTSC视频。

② 帧大小：指定播放序列时帧的图像大小（以像素为单位）。

③ 像素长宽比：应用于计算机与手机请选择"方形像素"，电视PAL格式选择1.09，电视NTSC格式请选择0.90。

④ 场：指定帧的场序。如果使用的是逐行扫描视频，请选择"无场（逐行扫描）"。

⑤ 音频采样率：48 000Hz足以应对绝大部分的工作需要。

03 竖屏720×1280效果，适用于"抖音"与"快手"等App，如图2-3-4所示。

图2-3-4　序列帧大小720×1280

04 剪辑不匹配警告。如果我们将一个1080p的视频拖到一个720p的序列上时，会弹出剪辑不匹配警告。**这是因为如果添加到序列中的首个素材与序列属性不匹配，Premiere Pro会询问用户是否愿意更改设置，进行匹配。**

默认选择"保持现有设置"，那么序列属性不会变，只要进入"效果控件"将新导入的1080p视频画面缩小到66.7%即可。若选择"更改序列设置"，那么序列属性会与首个导入的素材保持一致，如图2-3-5所示。

图2-3-5　剪辑不匹配警告

05 匹配源素材的序列。可以直接在项目面板将"素材"拖到"新建项"或空白的时间轴上，这样会使用"源素材"的名称/属性创建一个与之匹配的新序列，如图2-3-6所示。

图2-3-6　以源素材大小新建序列的两种方式

06 修改序列设置。如果需要再次修改这个序列的设置，可以在项目面板选择你要修改的序列，在菜单栏选择"序列">"序列设置"即可，在弹出的"序列设置"对话框内重新调节序列参数，如图2-3-7所示。

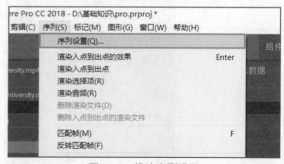

图2-3-7　修改序列设置

07 显示与关闭序列。项目面板中的序列图标与时间轴中的序列是相互对应的。单击序列名称前的⊠可以将序列关闭。

如果需要在时间轴上重新显示序列，在项目面板双击序列图标🎞，即可将序列重新在时间轴显示，如

图2-3-8所示。

图2-3-8　关闭与重新加载序列

**08** 时间轴上可以放置多个序列，单击序列的名称可以切换序列。序列的重命名需要回到项目面板进行修改，如图2-3-9所示。

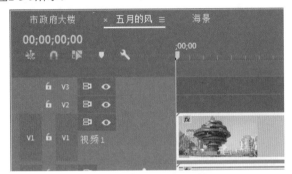

图2-3-9　不同序列间切换

### 2.3.2　轨道的基本操作

**01** 时间轴上每个序列被上下切分，上部为三条视频轨道（简称V1、V2、V3），下部为三条音频轨道（简称A1、A2、A3），如图2-3-10所示。

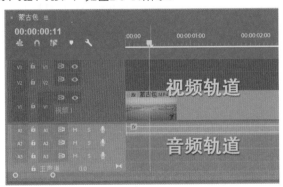

图2-3-10　视频轨道/音频轨道

**02** 添加轨道。在V3轨道上面"轨道头部区域"处右击，在弹出的对话框中，选择"添加轨道"，如图2-3-11所示。

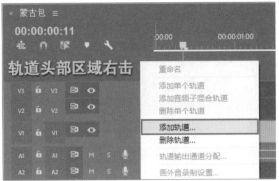

图2-3-11　添加轨道

**03** 添加轨道时，每次默认会添加一条视频轨道与一条音频轨道，所以请将音频轨道的添加数设置为0，如图2-3-12所示。新的视频轨道会显示在现有视频轨道的上方；新的音频轨道会显示在现有音频轨道的下方。

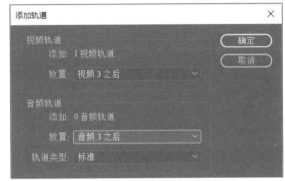

图2-3-12　仅添加视频轨道

**04** 删除轨道。项目后期可以删除不需要的视频/音频轨道，可以指定具体某条轨道或者选择所有空轨道，如图2-3-13所示。

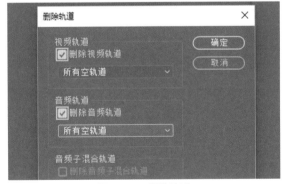

图2-3-13　删除轨道

在菜单栏中找到"序列">"添加轨道/删除轨道"，同样可以实现轨道的添加与删除。

**05** 扩展轨道。要调整轨道的大小，请将鼠标指针置于两条轨道之间的"轨道头部区域"内，以显示高度调整图标↕，然后向上或向下拖动以调整轨道大小，如图2-3-14所示。

此外，也可通过扩展轨道显示轨道控件，增加轨道的高度可以更好地查看图标和关键帧，或以更大的视图查看视频轨道缩览图和音轨波形。

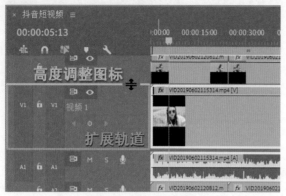

图2-3-14　调整轨道大小

**06** 时间轴的常用操作方式：

（1）使用下部与右侧的导航条调整轨道大小。

（2）在轨道头部区域双击轨道将其展开，再次双击可以将轨道进行折叠。

（3）调整轨道之间的"高度调整图标"，可以对单个轨道进行上下放大与缩小。

（4）单击"时间轴显示设置"图标，选择展开所有轨道或者最小化所有轨道，如图2-3-15所示。

图2-3-15　调整轨道大小

（5）按Alt+鼠标滚轮或者键盘的=/-就会以播放指示器为中心对轨道进行水平放大与缩小。

（6）使用手形工具或者平移下部导航条，可以对时间轴进行平移。

（7）按反斜杠键\，可以缩小整个时间轴，使整个序列可见。

**07** 轨道覆盖。V2的视频轨道会覆盖V1的视频轨道，即上面的轨道会覆盖下面的轨道，如图2-3-16所示。

图2-3-16　轨道覆盖

**08** 轨道锁定。我们可以将一些参考视频放置到V3轨道然后单击"切换轨道锁定"图标，将这条轨道进行锁定，使其不能被进一步编辑或更改，如图2-3-17所示。

图2-3-17　轨道锁定保护素材

**09** 切换轨道输出。在默认的三条视频轨道上，单击切换轨道输出图标，会关闭或者显示当前轨道上的所有视频，如图2-3-18所示。

图2-3-18　切换轨道输出

**10** 静音/独奏。单击M（Mute）可以静音当前轨道；单击S（Solo）可以静音除当前轨道之外的所有轨道，如图2-3-19所示。

图2-3-19 静音/独奏/画外音录制

**11** 当拖动或者粘贴素材时，只能将其拖动或粘贴到激活了的轨道，如图2-3-20所示。

图2-3-20 以此轨道为目标切换轨道

**12** 在源监视器面板使用插入📷与覆盖📷时，只会插入与覆盖激活了的轨道，如图2-3-21所示。

图2-3-21 只能激活一个轨道

**13** 序列中不能添加素材。有时候项目面板中的素材不能添加到序列当中，遇到这种问题请检查音频轨道是否被锁定，同时是不是A1的"以此轨道为目标切换轨道"没有被激活，如图2-3-22所示。

图2-3-22 序列不能添加素材问题

**14** 嵌套序列。时间轴上有三个教堂的素材，为了方便观察，标签颜色被设置为"黄色"。

框选这三个"黄色"的素材右击，在弹出的菜单中选择"嵌套"，嵌套序列名称为"教堂镜头"，如图2-3-23所示。

图2-3-23 嵌套序列

**15** 嵌套序列的标签颜色默认为"森林绿色"，如图2-3-24所示。

图2-3-24 嵌套序列的默认颜色为森林绿色

"嵌套序列"就是将几个素材生成一个新的序列，然后将这个序列作为一个整体插入到主序列当中，从而进行统一管理。

**16** 双击"嵌套序列"，可以进入嵌套序列当中，重新编辑嵌套序列内的素材，如图2-3-25所示。

图2-3-25 创建嵌套序列也就生成了一个新序列

**17** 设置缩略图显示模式。单击 ≡ ，可以设置素材在时间轴上的缩略图显示模式，当前为"视频头和视频尾缩览图"，如图2-3-26所示。

图2-3-26 视频缩略图显示模式

### 2.3.3 预览视频

Premiere Pro默认使用"水银回放引擎"实现对高清素材进行"实时预览"，但是当项目过大或者剪辑上添加了多个效果后，"实时渲染"时会因硬件配置原因出现卡顿和丢帧问题。

同时Premiere Pro在时间轴的上方用三种颜色的线表示是否能以高质量、全帧速率的方式播放序列的最终结果。

**01** 当前时间轴顶部显示黄色的线，代表无须渲染即可"实时播放"。很多时候在序列上放置素材后，不是黄线而是红线，这是因为只有像WMV这类编码简单的格式类型才会出现黄线，如图2-3-27所示。

图2-3-27 黄线可能会卡顿

**02** 我们将素材添加了"通道模糊"或者"转场效果"后，时间轴顶部黄色的线变成了红色的线。这代表这段序列区间没有与之关联的预览文件呈现，"实时播放"时会出现丢帧或者卡顿，如图2-3-28所示。

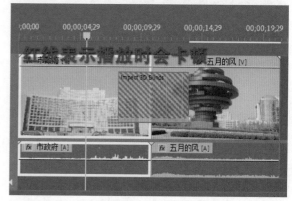

图2-3-28 红线卡顿

**03** 按Enter键或者在菜单栏单击"序列">"渲染入点到出点的效果"，渲染这段序列，如图2-3-29、图2-3-30所示。

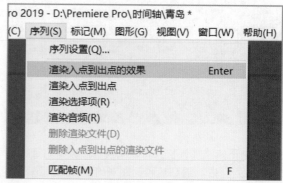

图2-3-29 渲染序列

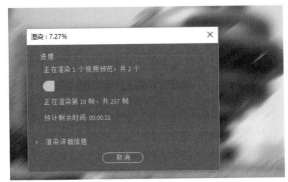

图2-3-30　渲染

**04** 渲染完成后，时间轴顶部又变成绿色的线。表示有一个与之相关的渲染预览文件，回放时将不会卡顿并且是高质量实时播放，如图2-3-31所示。

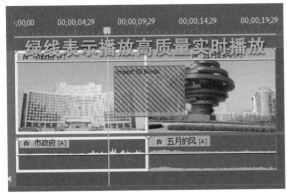

图2-3-31　绿色不卡顿

**05** 回到工程目录文件夹，Premiere Pro生成了一个新的Adobe Premiere Pro Video Previews文件夹，专门用于存放渲染预览文件，如图2-3-32所示。

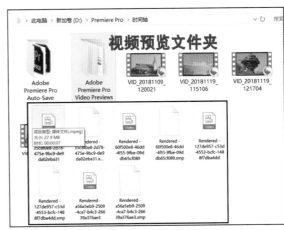

图2-3-32　视频源文件夹

**06** 优化视听效果。当需要查看视频最终结果时，按键盘的`，可以使节目监视器充满全屏。

然后将声音调整到合适位置，以获得最优的视听体验，如图2-3-33所示。

图2-3-33　全屏显示

## 2.4 效果控件面板

效果面板的快捷键为Shift+7，可以添加特效。

效果控件的快捷键为Shift+5，可以修改特效参数。整个效果控件有三个部分组成：运动、不透明度、时间重映射。下面使用"照片运动"案例讲解第一部分"运动"。

### 2.4.1 照片运动——平移

**01** 导入素材，选择图片"照片运动1"将其拖到新建项上创建序列，并整理项目面板，如图2-4-1所示。

图2-4-1　整理项目文件夹

**02** 按键盘的↓键，可以将▇快速切换到这张图片的结尾，看到这张图片在时间轴上默认的持续时间为5秒，如图2-4-2所示。

图2-4-2　图片持续时间

**03** 首先制作动画背景，将▇拖到第0帧处，选择"照片运动1"将其缩放调整到130%。

单击位置前面的切换动画按钮▇，然后将位置的数值调节为264、252，时间轴上自动生成了一个关键帧，如图2-4-3所示。

**04** 将▇拖到第4秒22帧处，然后将位置的数值调节为302、252，看到图片进行了缓慢位移，如图2-4-4所示。302代表图片的水平方向位置；252代表图片的垂直高度位置。我们将数值由264改为302，即在4秒22帧这段时间水平方向移动了38个像素。

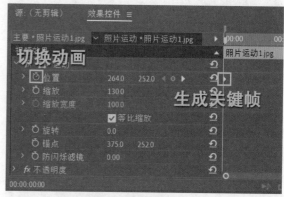

图2-4-3　添加关键帧

图2-4-4　关键帧解读

**05** 如果需要回到刚才的关键帧，单击"转到上一关键帧"即可。单击"添加/移除关键帧"可以手动生成一个关键帧，记录各种"运动"信息，如图2-4-5所示。

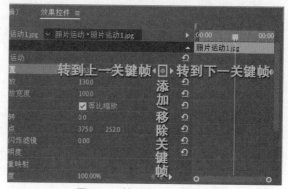

图2-4-5　转到上/下一关键帧

**06** 因为经常要用到"转到上一关键帧"，每次单击不是很方便，而它又没有相应的快捷键，所以单击"编辑">"快捷键"，手动设置快捷键，如图2-4-6所示。

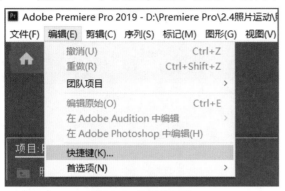

图2-4-6　设置快捷键

**07** 首先在搜索框中输入"关键帧"，找到"选择上一个关键帧"，在后面快捷键处按键盘Z键，看到快捷键被指定上去了。

同理，将"选择下一个关键帧"指定为X键，如图2-4-7所示。

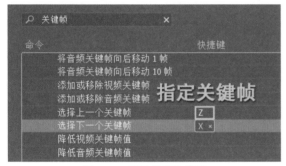

图2-4-7　手动指定快捷键

**08** 继续制作背景，在效果面板搜索"高斯模糊"，将其添加到"照片运动1"，然后将模糊度调节为70%，如图2-4-8所示。

图2-4-8　添加高斯模糊

**09** 重新选择一个"照片运动1"将其拖到视频轨道2，首先将▶拖到第0帧处，进入效果控件将其缩放调整为65%（注意：时间轴上的每一个素材都有一个属于自己的效果控件）。

单击位置前面的◎开始制作动画，然后将位置的数

值调节为1042、252，使其远离舞台中央，如图2-4-9、图2-4-10所示。

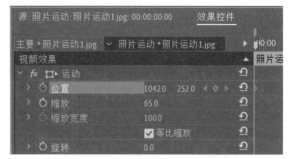

图2-4-9　调整效果控件

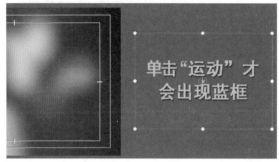

图2-4-10　设置位置

**10** 将▶拖到第1秒10帧处，然后将位置的数值调节为639、252，使图片快速进入画面，如图2-4-11、图2-4-12所示。

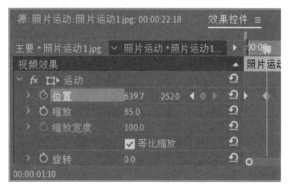

图2-4-11　调整位置

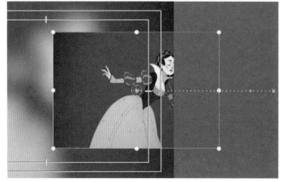

图2-4-12　使图片快速进入画面

**11** 将▶拖到第4秒22帧处，然后将位置的数值调节为

360、252，使图片之后缓慢进入舞台中央。为什么不将这一帧设置在5秒处？因为这一帧之后画面就保持不动了，如果想增加画面静止的时间，将这个关键帧前移即可。

这样我们就完成了一个图片快速进入舞台，然后缓慢移动到舞台中央，最后保持静止的动画效果，如图2-4-13、图2-4-14所示。

图2-4-13　调整位置

图2-4-14　图片效果

⓬ 添加效果。在效果面板添加"径向阴影"（旧版为"放射阴影"），为图片增加一个白色的描边，参数调节如图2-4-15所示。

图2-4-15　添加径向阴影

⓭ 最后添加"投影"效果，如图2-4-16所示（注意"投影"效果要在"径向阴影"效果之后）。完成效果如图2-4-17所示。

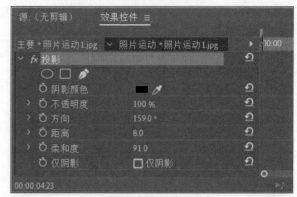

图2-4-16　添加投影

图2-4-17　完成效果

## 2.4.2　照片运动——旋转

⓪⓵ 首先制作背景，选择图片"照片运动2"将其拖到"照片运动1"之后，如图2-4-18所示。

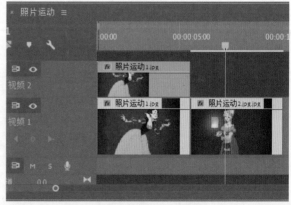

图2-4-18　为序列添加新的素材

⓪⓶ 进入效果控件，调节其位置、缩放并且添加"高斯模糊"效果，如图2-4-19所示。

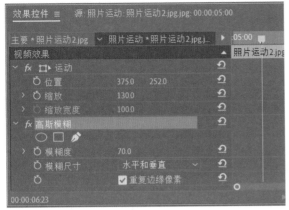

图2-4-19　制作背景

**[03]** 制作照片旋转。重新选择一个"照片运动2"将其拖到视频轨道2。

将■拖到第5秒处，单击❶开始制作动画，然后将位置的数值调节为1042、252，缩放调为70%，旋转调节为252°，如图2-4-20、图2-4-21所示。

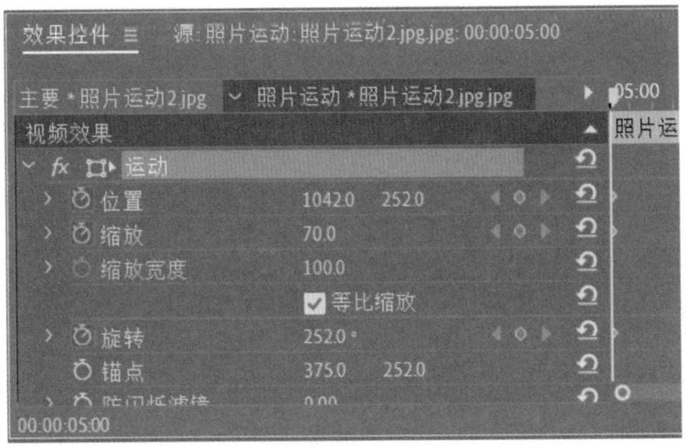

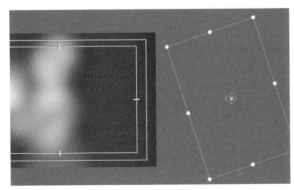

图2-4-20　调整效果控件

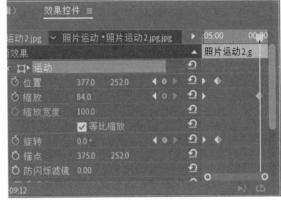

图2-4-21　图片位置

**[04]** 将■拖到5秒23帧处，调节位置与旋转的数值，使图片旋转进入舞台中央，如图2-4-22所示。

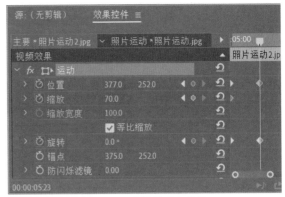

图2-4-22　调整位置与旋转

**[05]** 将■拖到9秒12帧处，将缩放数值调节为84%，图片在运动的过程中逐渐放大，如图2-4-23所示。

图2-4-23　调整缩放数值

**[06]** 最后同样添加"径向阴影"与"投影"效果，这样一个图片旋转进入舞台的效果就制作完成了，效果如图2-4-24所示。

图2-4-24　旋转完成效果

### 2.4.3 基本3D效果

**[01]** 制作背景，选择图片"照片运动3"将其拖到"照片运动2"之后，如图2-4-25所示。

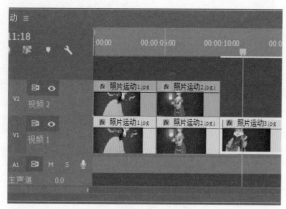

图2-4-25　添加新素材

**02** 进入效果控件，调节位置、缩放并且添加"高斯模糊"效果，参数调节如图2-4-26所示。

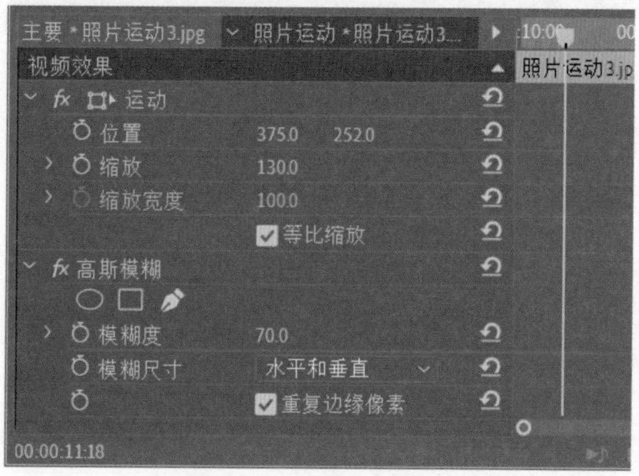

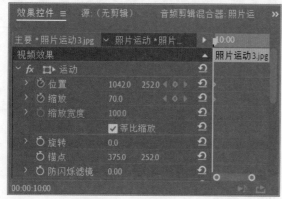

图2-4-26　调整效果控件

**03** 制作照片3D旋转。重新选择一个"照片运动3"将其拖到视频轨道2。

首先将 ▧ 拖到第10秒处，单击 ⭕ 开始制作动画，然后将位置的数值调节为1042、252，缩放调为70%，如图2-4-27、图2-4-28所示。

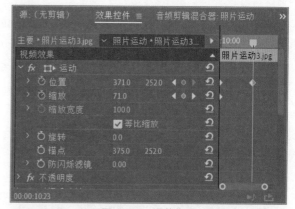

图2-4-27　调整位置与缩放

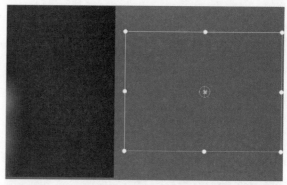

图2-4-28　图片位置

**04** 将 ▧ 拖到第10秒23帧处，调节位置数值为371、252，创建第二个关键帧，使图像快速进入画面，如图2-4-29所示。

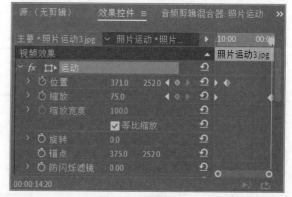

图2-4-29　调整位置

**05** 将 ▧ 拖到第14秒20帧处，调节缩放数值。使图片在整个运动过程中缓慢放大，如图2-4-30所示。

图2-4-30　调整缩放

**06** 添加"径向阴影"与"投影"，效果如图2-4-31所示。

**07** 添加"基本3D"效果。将 ▧ 拖到第10秒处，单击旋转与倾斜前的 ⭕，调节数值生成一个关键帧，如图2-4-32所示。

图2-4-31 添加"径向阴影"与"投影"的效果

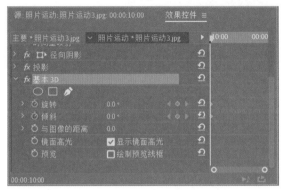

图2-4-32 添加基本3D

**08** 将█拖到第10秒23帧处，调节旋转与倾斜数值使图片向左倾斜，生成第二个关键帧，如图2-4-33、图2-4-34所示。

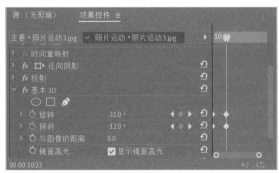

图2-4-33 调整旋转与倾斜数值

图2-4-34 调整后的效果

**09** 将█拖到第14秒处，调节旋转与倾斜数值使图片向右倾斜，生成第三个关键帧，如图2-4-35、图2-4-36所示。

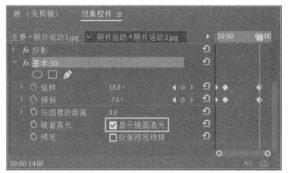

图2-4-35 调整旋转与倾斜数值

图2-4-36 动画完成效果

照片的3D旋转就制作完成了，关于不透明度以及一些高级知识像"图层叠加""蒙版"等，我们在以后的案例进行讲解。

课后作业1：制作一个游戏宣传解说视频，如图2-4-37所示。

图2-4-37 范例：暴雪《炉石传说》新版本宣传

课后作业2：裁剪漫画配合转场效果，制作一个漫画解说视频，如图2-4-38所示。这个案例首先使用Photoshop将画面进行裁剪，然后使用"交叉缩放"与"页面剥落"两个转场效果。

图2-4-38  范例:《海贼王》439话

### 2.4.4 不透明度与Alpha通道

可以使用 Premiere Pro 中的多种功能使图像的某一部分变得透明。如果要使整个剪辑均匀地透明或半透明,需要使用不透明度效果。

**01** 在"效果控件"面板或"时间轴"面板中设置所选剪辑的不透明度,并通过对不透明度进行动画处理,使剪辑模拟淡入与淡出效果,如图2-4-39所示。

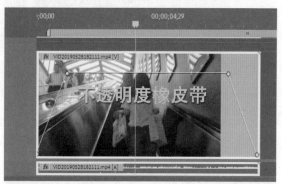

图2-4-39  扩展轨道显示出不透明度橡皮带

**02** 如果素材是用手机竖屏拍摄的,但项目却是横屏的,可以将竖屏素材复制一份作为背景,然后适当调整宽度,添加"高斯模糊",同时降低不透明度,以弥补屏幕所缺失的两侧部分,如图2-4-40所示。

图2-4-40  解决素材尺寸不够的问题

**03** Alpha通道通常是指图像额外的8位灰度通道,该通道

用256级灰度来记录图像中的透明度信息,其中白表示不透明,黑表示透明,灰表示半透明,PSD格式可以存储这种通道信息。

在项目面板导入PSD格式的素材"动画镜头合成",在弹出的"导入分层文件"对话框中,导入方式选择为"序列",如图2-4-41所示。

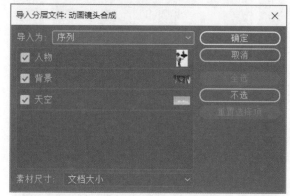

图2-4-41  导入多层Photoshop图像文件

**04** 在项目面板单击序列"动画镜头合成",看到这个文件由3个视频轨道组成,分别是"人物""背景""天空",如图2-4-42所示。

图2-4-42  序列动画镜头合成

**05** 在Premiere Pro的时间轴中,上面的轨道3会完全覆盖下方的轨道2、轨道1,除非轨道3的素材自身带有Alpha通道信息,如图2-4-43所示。

图2-4-43  带有Alpha通道的人物

**06** 在项目面板双击"人物/动画镜头合成.psd"使其在"源监视器面板"显示，单击设置🔧，在弹出的菜单中选择"显示模式">"Alpha"，看到轨道3的"人物"自身带有黑白的Alpha通道信息，所以图层的叠加才会正确，如图2-4-44所示。

图2-4-44 白表示不透明，黑表示透明，除人物之外的部分会透明

**07** 轨道2的"背景"自身也带有Alpha通道信息，所以窗户才能透出"天空"，如图2-4-45所示。

图2-4-45 白表示不透明，黑表示透明，窗户会透出天空

**08** 如何在Premiere Pro中使一部分变得透明，请学习下一节"遮罩"。

## 2.5 遮罩

遮罩也就是为视频添加"蒙版",定义图像的透明区域,可以创建"椭圆形""多边形"或"自定义图形"蒙版,通过这些蒙版可以定义要被模糊、应用效果、覆盖或校正颜色的特定区域,如图2-5-1所示。

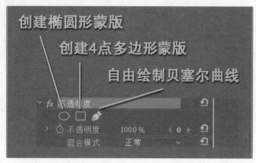

图2-5-1　Premiere Pro中的蒙版

### 2.5.1 蒙版与跟踪

**01** 创建项目文件夹。在D盘的Premiere Pro文件夹内,创建一个"遮罩"文件夹。将素材文件复制进去。启动Premiere Pro新建项目,项目名称"遮罩",位置指定到刚才创建的"遮罩"文件夹,如图2-5-2所示。

图2-5-2　导入素材

**02** 将素材"台东美食街"拖到新建项上创建序列。播放素材看到的是一个品尝美食的镜头,如图2-5-3所示。

图2-5-3　预览素材

**03** 遮罩的常见用法是模糊人物的脸部以保护其身份,可以添加"马赛克"来实现这样的效果。

在效果面板搜索"马赛克",添加到"台东美食街"这个素材之上,参数设置如图2-5-4所示。

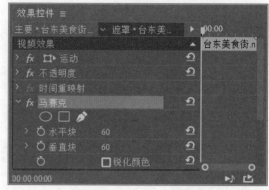

图2-5-4　添加马赛克效果

**04** 使用形状工具创建遮罩。在效果控件面板的"马赛克"效果下找到◯,可以创建一个椭圆形的蒙版,如图2-5-5所示。

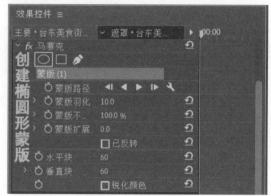

图2-5-5　椭圆形蒙版

**05** 添加蒙版后,马赛克效果被限制在蒙版区域之中,如图2-5-6所示。

图2-5-6　椭圆形蒙版限制区域的马赛克效果

**06** 调整蒙版可以使用以下几种操作方式:

（1）要移动蒙版上的顶点,请使用选择工具▶拖动顶点。

（2）要将椭圆形蒙版更改为多边形,请按住Alt键并单击椭圆的任一顶点。也就是将蒙版上的顶点转换为贝塞尔曲线顶点。此时光标将变为一个反向V字形⋏。

（3）调整蒙版的大小，需要将光标置于"顶点之外"并按Shift键，此时光标将变为一个双向箭头↔，然后按住Shift键拖动光标。

（4）需要旋转蒙版时，将光标置于顶点之外，此时光标将变为一个弯曲的双向箭头↰，然后拖动即可。按住Shift键的同时拖动光标，可以22.5°为单位进行旋转。

（5）添加顶点，可以将光标置于蒙版边缘处，同时按Ctrl键，光标会变成带"+"号的钢笔形状⌖+。单击可向蒙版形状添加顶点。

（6）移除顶点，可将光标置于要移除的顶点处，同时按Ctrl键，光标会变成带"-"号的钢笔形状⌖-。单击可移除蒙版形状中选定的顶点。

（7）使用键盘的方向键将所选控制点微移一个距离单位。按Shift键并使用方向键将所选控制点微移5个距离单位。

（8）要取消选择所有选定的控制点，请在当前活动的蒙版外单击。要删除蒙版，请在"效果控件"面板中选择蒙版并按键盘上的Delete键。

**07** 单击选择工具调节控制点，使蒙版范围覆盖人物的脸部，如图2-5-7所示。

图2-5-7　手动调整蒙版范围

**08** 蒙版跟踪。将▣拖到0帧处，调整好遮罩后，单击"向前跟踪所选蒙版"图标，Premiere Pro会让蒙版自动跟踪对象，如图2-5-8所示。

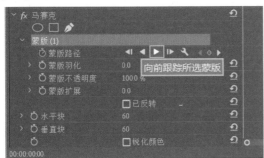

图2-5-8　向前跟踪所选蒙版

**09** 蒙版跟踪到3秒25帧的时候，我们看到"遮罩的范围"出现错误，单击"停止"，手动调整遮罩范围，确保蒙版覆盖人物脸部。

调节完成后，再次单击"向前跟踪所选蒙版"，一直跟踪到序列的结束，如图2-5-9所示。

图2-5-9　修改跟踪错误的蒙版（蒙版的跟踪点可以覆盖）

## 2.5.2　模拟景深效果

这个案例我们模拟镜头景深效果，首先讲解如何使用钢笔工具绘制复杂遮罩与羽化蒙版边缘的相关知识。

**01** 钢笔工具绘制复杂蒙版形状。首先在"新建项"里创建一个RGB值为249、6、137的颜色遮罩。进入效果控件的不透明度选项，单击自由绘制贝塞尔曲线✐，如图2-5-10所示。

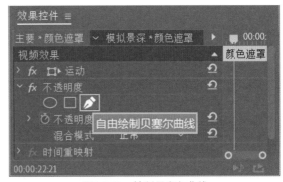

图2-5-10　绘制贝塞尔曲线

**02** 用钢笔工具绘制直线段，如图2-5-11所示。

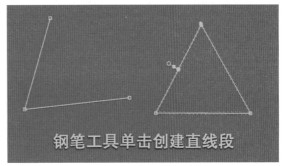

图2-5-11　单击创建直线

（1）通过连续单击，可以创建由通过顶点连接的直线段组成的路径（注意不要拖动创建顶点）。

（2）闭合路径时，将钢笔工具放置到创建的第一个顶点之上，看到钢笔工具指针旁将出现一个小圆圈。单击或拖动可闭合路径。

**03** 用钢笔工具绘制贝塞尔曲线，如图2-5-12所示。

（1）使用钢笔工具，通过拖动方向线可创建曲线路径段。方向线的长度和方向决定了曲线的形状。

（2）可以按住Alt键将正常顶点转换成贝塞尔曲线顶点，此时光标将变为一个反向V字形Λ。贝塞尔曲线手柄提供两个方向的控件，用于更改手柄和任意侧的下一个点之间的线段的曲度。

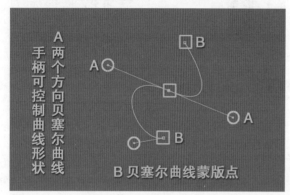

图2-5-12　拖动创建曲线

**04** 绘制蒙版之前要仔细检查绘制素材与位置，明确到底是给"不透明度"绘制还是要给"应用的效果"绘制。

每次单击都会在不透明度中创建一个新的蒙版。新手经常会不小心创建10个蒙版以上，如图2-5-13所示。

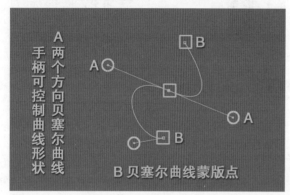

图2-5-13　错误的蒙版

**05** 将素材"台东美食街"重新拖到新建项上创建新序列。修改序列名称为"模拟景深"。

按Alt键将轨道1的素材拖动复制到轨道2，然后关闭轨道1的切换轨道输出，如图2-5-14所示。

图2-5-14　复制素材并关闭V1轨道

**06** 选择轨道2的视频素材，进入效果控件的不透明度下，使用钢笔绘制遮罩，绘制完成闭合路径后，看到人物被抠出，如图2-5-15所示。

绘制蒙版时，可以使用直线与圆滑的曲线相结合的方式，并且尽量减少控制点。

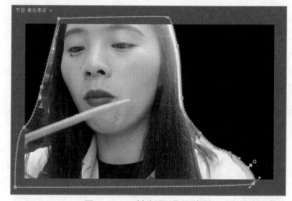

图2-5-15　绘制圆滑的路径

**07** 单击蒙版跟踪方法，选择"位置"，勾选"预览"，确保我们可以看到实时的追踪效果，如图2-5-16所示。

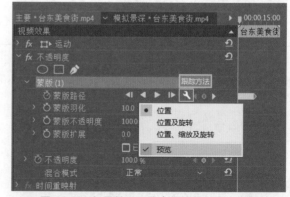

图2-5-16　如果关闭预览会加快蒙版跟踪速度

**08** 单击"向前跟踪所选蒙版"，跟踪的过程中时刻注意观察屏幕，看到遮罩范围出现错误，单击"停止"及时调整遮罩范围，然后继续跟踪，如图2-5-17所示。

图2-5-17　跟踪蒙版

**09** 蒙版羽化和扩展。跟踪完成，调节"蒙版羽化"值，使蒙版边缘更加平滑。

调节"蒙版扩展"可以扩展或者收缩蒙版区域，参数调节如图2-5-18所示。羽化与扩展完成效果如图2-5-19所示。

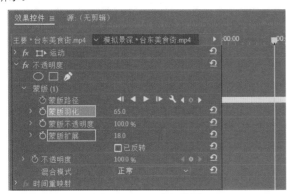

图2-5-18　羽化与扩展

图2-5-19　羽化与扩展完成效果

**10** 重新激活轨道1的轨道切换输出 ◎，效果面板搜索"高斯模糊"，将其添加到轨道1素材之上，参数调节如图2-5-20所示。

Premiere Pro中最常用的两种模糊为"高斯模糊"与"快速模糊"。

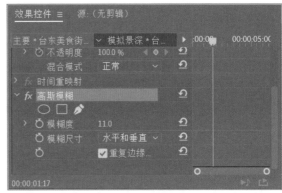

图2-5-20　高斯模糊

**11** 调节"模糊度"，可以控制背景的虚化效果，通过背景的虚化，我们可以使观众的注意力集中到人物身上，起到强化主体的作用，如图2-5-21所示。

图2-5-21　景深完成效果

将人物与背景进行分离后，可以分别进行调色处理，例如将人物的饱和度调高或者适当调整亮度，使人物肤色看起来更好。

### 2.5.3　蒙版路径

接下来学习遮罩的第三个案例，通过这个案例学习如何添加"蒙版路径"关键帧。

**01** 将素材"行走"拖到新建项上创建新序列，然后将其放置到"轨道2"，更改序列名称为"蒙版路径"，如图2-5-22所示。

按下空格键播放素材，看到视频画面被一根铁柱所遮挡，而遮挡元素"铁柱"就是转场过渡切换点，走过铁柱之后我们可以使用新的素材组接画面。

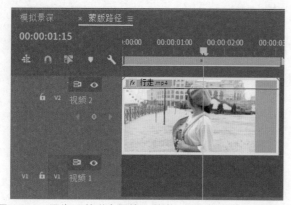

图2-5-22 因为V2轨道会覆盖V1轨道，所以将素材放在V2轨道

**02** 播放序列看到1秒14帧处铁柱即将出现，将素材"拍摄"放置到"轨道1"，并对齐到1秒14帧，如图2-5-23所示。

图2-5-23 查找镜头组接点

**03** 首先拖动节目监视器面板的边框将其放大，然后单击设置，勾选"透明网格"，如图2-5-24所示。

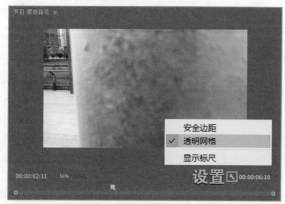

图2-5-24 开启透明网格

绘制蒙版的时候，为了避免干扰，我们可以临时将视频1的轨道切换输出进行关闭。

**04** 在2秒11帧处，选择"行走"素材，进入效果控件，在不透明度下，使用钢笔绘制遮罩，绘制5个顶点即可，如图2-5-25所示。

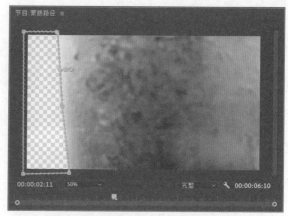

图2-5-25 绘制蒙版——注意勾选已反转

**05** 单击"蒙版路径"前的"切换动画"图标，记录第一个关键帧，如图2-5-26所示。

图2-5-26 切换动画

**06** 为了控制蒙版的准确性与精度，可以临时把切换效果开关进行关闭。

将播放指示器拖到2秒14帧，调整遮罩位置制作第二个关键帧，如图2-5-27、图2-5-28所示。

图2-5-27 关闭切换效果开关

图2-5-28 调节顶点

**07** 无法使用移动工具调整位置的顶点，可以使用键盘的方向键，每次单击移动一个像素单位。配合Shift键可以移动5个像素单位，如图2-5-29所示。

图2-5-29 使用方向键移动位置

**08** 蒙版路径关键帧调整完成，大约手动添加了12个关键帧信息，勾选"已反转"，将铁柱之后的画面全部进行屏蔽，如图2-5-30所示。

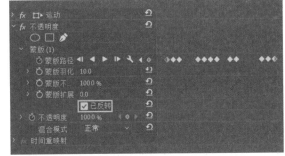

图2-5-30 添加的关键帧

重新开启切换效果开关 *fx*，使遮罩起作用，并且将视频1的"轨道切换输出"进行开启。

**09** 遮罩制作完成后，我们发现画面出现破绽，将 拖到2秒9帧，将遮罩拉到屏幕之外，使其在2秒9帧之前不起作用，如图2-5-31所示。

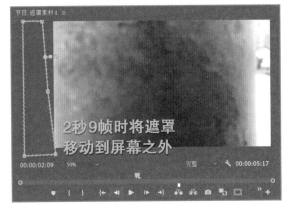

图2-5-31 解决遮罩错误

# 2.6 基本工作流程

本节案例通过制作一个MV音乐短片，学习Premiere Pro的基本编辑工作流程，包括新建项目、导入与管理素材、调整剪辑时间、校正颜色、标准化声音与整合输出的相关知识，如图2-6-1所示为Premiere Pro欢迎主页。

图2-6-1 Premiere Pro欢迎主页

## 2.6.1 新建或打开项目

**01** 创建项目文件夹。在D盘的Premiere Pro文件夹内，创建一个"天堂"文件夹。在"天堂"文件夹内再次创建三个子文件夹，分别命名为"视频""音频""图片"。将素材文件分别复制到相应的文件夹当中，如图2-6-2所示。

图2-6-2 设置项目文件夹

知识补充 ①项目文件夹不要创建到桌面。②项目文件夹的文件目录不要过深。③添加新素材时，要将素材放置到项目文件夹的相应位置，然后再将素材导入Premiere Pro当中。④项目越大，项目文件夹的整理/分类越要仔细。

**02** 新建项目。启动Premiere Pro，在"欢迎主页"的左上角单击"新建项目"或者按键盘的Ctrl+Alt+N。

在弹出的"新建项目"对话框中，将项目文件的名称修改为"天堂"。"位置"指定到刚才创建的"天堂"文件夹当中，如图2-6-3所示。

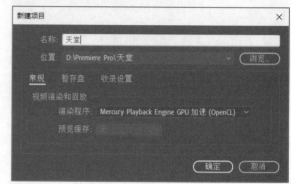

图2-6-3 新建项目——天堂

**03** 保存项目。当项目制作完成或者项目进行到某个重要的节点时，需要对项目进行及时的保存与备份。

菜单栏选择"文件">"保存"，或者按键盘的Ctrl+S保存项目，命名方式可以采取"项目名称+制作时间"，如图2-6-4所示。

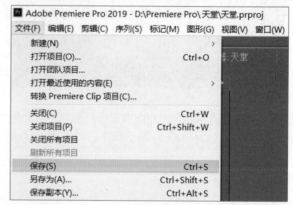

图2-6-4 保存项目

知识补充 ①选择"保存"系统会自动将Premiere Pro的工程文件保存到当前"项目文件夹"当中。②如果需要将Premiere Pro的项目文件更换保存位置，请单击"另存为"。③界面最上方会记录项目文件的版本信息与保存位置。④保存项目文件时，会记录软件当前的界面布局结构。

**04** 回到Windows的"天堂"文件夹，看到新保存的"天堂"项目文件与"自动保存文件夹"，如图2-6-5所示。

"自动保存文件夹"默认会每隔15分钟自动保存一次，最多保存20个项目文件。

图2-6-5 项目文件与自动保存文件夹

**05** 打开最近使用项目。在菜单栏选择"文件">"打开
最近使用的内容",可以快速查找最近几次保存的项目
工程文件,如图2-6-6所示。

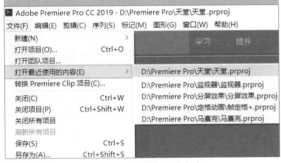

图2-6-6 最近使用的内容

## 2.6.2 导入与管理素材

**01** 导入媒体素材。找到软件左下角的项目面板,空白处
双击导入视频素材与音频素材,如图2-6-7所示。

图2-6-7 导入媒体素材

**02** 查看素材信息。选择"01天空"素材,右击在弹出的
菜单中,找到"属性"查看导入素材的图像大小、帧速
率、像素长宽比等信息,如图2-6-8所示。

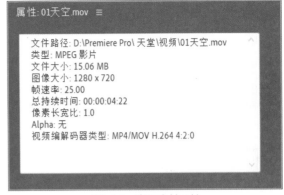

图2-6-8 查看素材属性

**03** 管理素材。依次单击"新建素材箱",创建5个素材
箱。然后分别重命名为图片、序列、文字、视频素材、
音频素材,最后将素材分别拖到相应的文件夹当中。

对于视频素材,我们可以按照拍摄时间在其下方创
建"嵌套的素材箱",如对素材箱9-19和9-20进行更精准
的分类,使复杂的项目条理化,如图2-6-9所示。

图2-6-9 素材箱为并列而非嵌套模式

**04** 单击"9-19"素材箱,会从项目面板进入素材箱
面板。当然我们可以按Shift+1键,在项目面板与素材
箱之间进行切换或者单击"向上导航"回到项目面
板,如图2-6-10所示。

图2-6-10 项目面板与素材箱切换

### 2.6.3 整合并剪辑媒体

**01** 按键盘的Ctrl+N新建序列。序列预设选择HDV 720p25，序列名称修改为"天堂"。如图2-6-11所示，右侧的预设参数显示，这个序列的"帧大小"为1280h 720v（1.0000），意味着这个序列的宽度由1280个像素组成，高度由720个像素组成，并且每个像素都为正方形像素。

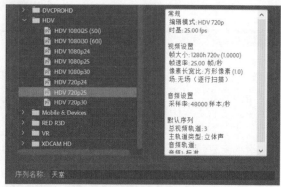

图2-6-11 新建序列

**02** 将新建的序列拖到"序列"文件夹当中，确保项目面板整洁有序，如图2-6-12所示。

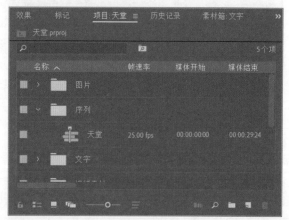

图2-6-12 整理项目面板

**03** 预览声音素材。双击音频文件可以在源监视器显示声音，拖动放大源监视器窗口，按空格键开始播放，再次按空格键停止播放。

通过观察音频频谱的振幅大小，找到每一句歌词的结束位置，根据声音匹配画面，如图2-6-13所示。

**04** 添加标记。在每一句歌词的结尾处单击"添加标记"，一共创建了3个标记点，之后要根据这些标记点修剪视频素材。如果标记的位置不够精准，可以使用选择工具进行微调，如图2-6-14所示。

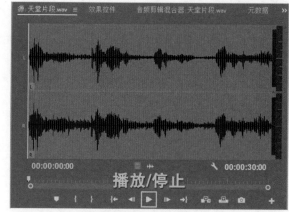

图2-6-13 预览声音素材

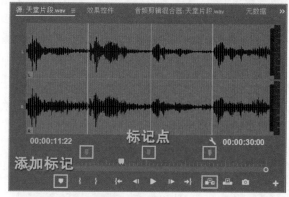

图2-6-14 添加标记

**05** 确保播放指示器在00:00:00:00处，单击"插入"将素材添加到时间轴的音频轨道之上。

在时间标尺上右击，选择"转到下一个标记"，让播放指示器快速转跳到我们刚才设置的标记点处，如图2-6-15所示。

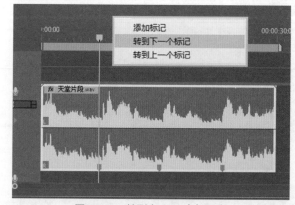

图2-6-15 转到上/下一个标记点

**06** 查看第一个标记点所在的时间，可知第一句话"蓝蓝的天空"结束位置在7秒8帧。

为了便于观察，拖动下方与右侧的"导航条"将音频轨道放大显示，如图2-6-16所示。

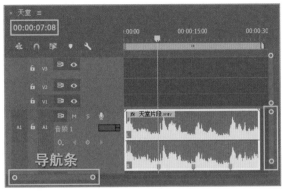

图2-6-16　放大音频轨道

**07** 查找视频素材。有了第一句话的时间范围，就可以回到项目面板寻找与之匹配的画面。

选择"01天空"素材，双击使其显示在源监视器窗口。我们看到素材只有4秒22帧。单击"仅拖动视频"图标，将其拖到序列的"视频轨道1"，如图2-6-17所示。

图2-6-17　仅拖动视频

**08** 通过第一个标记点，我们知道第一段素材需要7秒8帧，但是视频只有4秒22帧。单击"01天空"素材，右击选择"速度/持续时间"，将素材进行拉长，如图2-6-18所示。

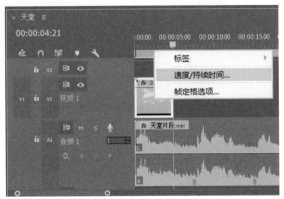

图2-6-18　速度/持续时间

**09** 剪辑速度/持续时间。将"持续时间"由4:22改为7:17，这样就能将"01天空"素材的时间拉长到7秒17

帧，与声音素材相匹配，但同时素材的播放速度也被减慢到61.93%，如图2-6-19所示。

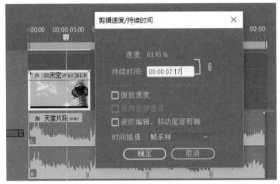

图2-6-19　调整视频持续时间

**10** 检查素材大小与序列是否匹配。在时间轴面板单击"01天空"素材，然后按键盘的Shift+5切换到效果控件面板。单击"运动"会在节目监视器面板显示蓝色边框，即图像的实际大小尺寸，如图2-6-20所示。

我们可以在"缩放"的位置单击对数值进行微调，调整画面大小。也可以调节位置的数值，决定素材的上下位置偏移。

图2-6-20　调整画面大小

**11** 通过上面的步骤，我们分别调整了素材的持续时间与画面大小。之后按键盘的↓方向键，让播放指示器直接跳到所选择"01天空"素材的结束位置，准备开始制作下一个镜头，如图2-6-21所示。

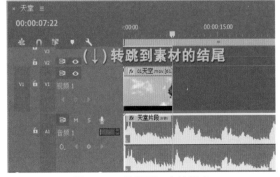

图2-6-21　转跳下一个编辑点

12 将"02湖水"素材拖到"01天空"素材之后，因为默认开启了"在时间轴中对齐"，所以当素材靠近时会自动进行吸附，如图2-6-22所示。

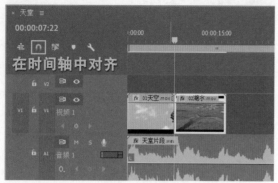

图2-6-22　对齐素材时不要侵蚀上一个素材

13 调整素材长度。在时间标尺上右击，选择"转到下一个标记"看到第二句歌词"静静的湖水"的结束时间为15秒，而我们的素材略长。

　　使用剃刀工具将多余的视频片段进行裁断，按Delete键删除不需要的素材，如图2-6-23所示。

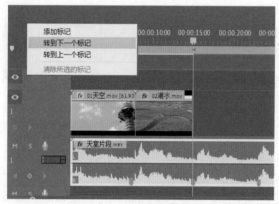

图2-6-23　删除多余素材

14 定义出点与入点。选择"03草原"双击在源监视器面板进行预览，看到整个素材由3个镜头组成，我们只需要前两段。将播放指示器拖到20秒左右，按键盘的←/→方向键逐帧地仔细查找，如图2-6-24所示。

　　时间到20秒12帧的时候，单击"标记出点"，选取出一段范围，然后单击"仅拖动视频"，将这一段素材拖到"02湖水"素材之后。

15 我们看到素材略短，右击素材，在"剪辑速度/持续时间"中将持续时间调节为07:23，如图2-6-25所示。

图2-6-24　标记入点/出点

图2-6-25　调整持续时间

16 选择音频轨道上的声音素材，按键盘的↓方向键，看到声音的结尾在30秒处。

　　将"04家"的视频素材拖到时间轴上，使用"剃刀工具"将超过30秒后的部分裁剪并按Delete键删除，如图2-6-26所示。

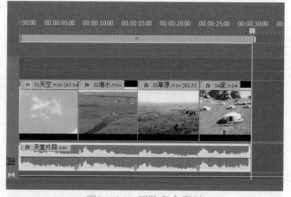

图2-6-26　删除多余素材

2.6.4 **添加字幕**

01 创建字幕。将拖到2秒处，在菜单栏选择"文件">"新建">"旧版标题"。或者按键盘的Ctrl+T创建字幕，如图2-6-27所示。

图2-6-27　旧版标题

**02** 在弹出的新建字幕对话框中，修改名称为"01蓝蓝的天空"，如图2-6-28所示。

图2-6-28　新建字幕

**03** 在字幕面板单击文字工具，然后输入文字"蓝蓝的天空"。看到"蓝蓝"变成了□□，这是因为Premiere Pro对于有些中文是不支持的，我们修改字体即可，如图2-6-29所示。

图2-6-29　文字工具

**04** 在旧版标题样式里，选择一个喜欢的字体样式，例如选择字体为"楷体"，如图2-6-30所示。

图2-6-30　修改字体

**05** 将文字大小调为80。当然你也可以在旧版标题属性里面调节其他参数。然后按V键"选择工具"，调整文字位置，确保文字处于字幕安全区之中，调节完成单击字幕面板右上角的×即可保存这个文字，如图2-6-31所示。

图2-6-31　保存字幕

**06** 将◀拖到13秒左右，重新打开刚才"蓝蓝的天空"字幕，单击"基于当前字幕新建字幕"图标。这样我们就基于前字幕样式创建了一个新字幕并且字体大小与位置等保持不变。

　　将文字"蓝蓝的天空"改为"静静的湖水"，依次制作剩余的"绿绿的草原""这是我的家　哎耶"等，如图2-6-32所示。

图2-6-32　基于当前字幕新建字幕

**07** 将创建好的4个字幕都拖到我们之前创建的文字文件夹，如图2-6-33所示。

图2-6-33 制作字幕

**08** 选择"01蓝蓝的天空"字幕，将其拖到视频轨道2，文字已经正确覆盖在第一段视频之上。但是长度不够完全覆盖第一个视频素材，因为默认的字幕持续时间为5秒，而我们的第一段素材持续时间为7秒8帧，如图2-6-34所示。

图2-6-34 Premiere Pro是层级软件，上面图层覆盖下面图层

**09** 在时间标尺上右击，选择"转到下一个标记"，将播放指示器转到第一个标记点的位置，即7秒8帧。

将鼠标指针放到第一个字幕的结尾处，鼠标指针自动由"选择工具"变成"波纹编辑工具"。拖动素材将其拉长到7秒8帧即可，如图2-6-35所示。

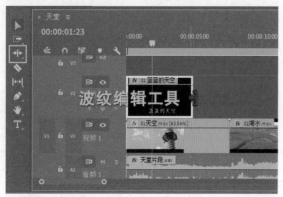

图2-6-35 波纹编辑工具

**10** 依次制作剩余的三个字幕，并使用"波纹编辑工具"调整字幕持续时间，如图2-6-36所示。

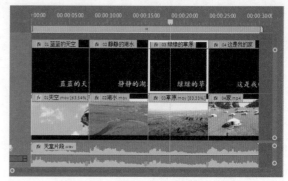

图2-6-36 添加字幕并调整持续时间

**11** 制作MV动态字幕效果。重新打开"01蓝蓝的天空"字幕，单击"基于当前字幕新建字幕"，命名为"蓝蓝的天空"。

框选所有文字，在旧版标题样式里面选择一个有颜色的样式，修改字体为刚才的"楷体"，位置大小不变，调节完成单击右上角的 × 保存字幕，如图2-6-37所示。

图2-6-37 加载金黄色字幕样式

**12** 依次制作剩余的三个字幕。注意新的字幕命名与原来稍有区别，如图2-6-38所示。

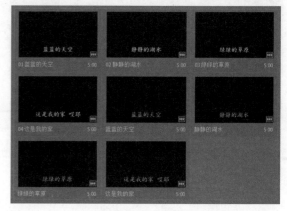

图2-6-38 字幕命名

**13** 将新制作有颜色的字幕拖到视频轨道3，修剪每一个字幕的大小与轨道2的字幕保持一致，如图2-6-39所示。

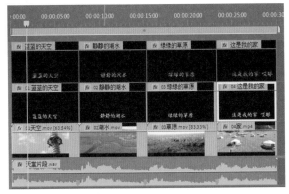

图2-6-39　修剪剪辑

**14** 选择轨道3的"蓝蓝的天空"，按Shift+7进入效果面板，在搜索框输入"裁剪"命令，将其拖动到轨道3的"蓝蓝的天空"，如图2-6-40所示。

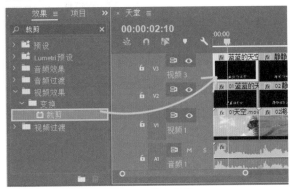

图2-6-40　添加裁剪

**15** 将播放指示器拖动到0秒初始位置，继续保持选择轨道3的"蓝蓝的天空"，按Shift+5进入效果控件面板，单击裁剪观察节目监视器面板，看到出现蓝色的裁剪边框（注意只有单击当前素材的裁剪才能出现蓝色裁剪边框），如图2-6-41所示。

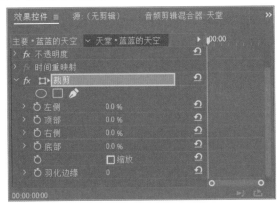

图2-6-41　剪辑边框

**16** 确保蓝色的播放指示器在第0帧，单击裁剪右侧的切换动画，然后去节目监视器面板拖动最右侧的边框，使右侧数值到69.7%为止，如图2-6-42所示。

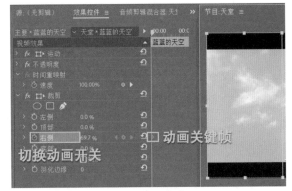

图2-6-42　制作动画

**17** 将播放指示器拖动到2秒24帧的位置。继续拖动裁剪右侧的边框使文字完全显现，右侧的数值为30.9%。我们看到时间线上出现了第二个关键帧，如图2-6-43所示。

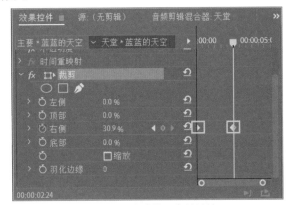

图2-6-43　生成第二个关键帧

按空格键在源监视器面板观察预览文字动画，如果动画速度不合适，可以单击调节第二个动画关键帧的位置。动画完成效果如图2-6-44所示。

图2-6-44　动画完成效果

**18** 用同样的方法依次给每一个字幕添加"裁剪"效果。

并制作剩余的字幕动画，注意2个关键帧的数值变化就可以生成一个动画效果，完成效果如图2-6-45所示。

图2-6-45　字幕动画

### 2.6.5　颜色校正

**01** 第三句歌词唱的是"绿绿的草原"，但是视频的素材草地却发黄，需要调整一下颜色。单击"新建项">"调整图层"，如图2-6-46所示，调整图层本身不可见，但是可以添加各种效果或者是动画关键帧，起到保护原始视频图像的作用。

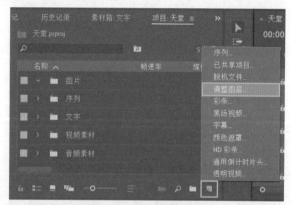

图2-6-46　新建调整图层

**02** 我们想将调整图层添加到时间轴之上，但是却发现没有视频轨道了。在菜单栏选择"序列">"添加轨道"，添加一条视频轨道，不添加音频轨道，如图2-6-47所示。

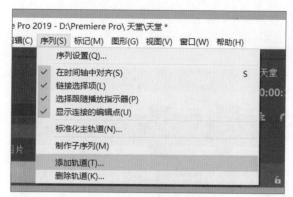

图2-6-47　添加视频轨道

**03** 将调整图层添加到视频轨道4。因为只有第三段视频素材颜色有偏差，所以我们修剪调整图层长度与第三段视频素材大小保持一致，如图2-6-48所示。

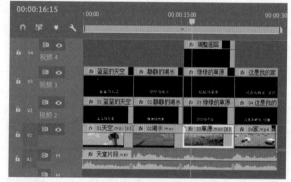

图2-6-48　修剪调整图层范围

**04** 在菜单栏选择"窗口"，勾选"Lumetri颜色"，调出校色面板组件，如图2-6-49所示。

图2-6-49　Lumetri颜色

**05** 单击调整图层，进入Lumetri颜色面板，找到曲线的红色通道。因为视频素材偏黄，所以略微减少中间调的红色，当然你也可以在绿色通道进行微调（略微增加一点绿色），如图2-6-50所示。

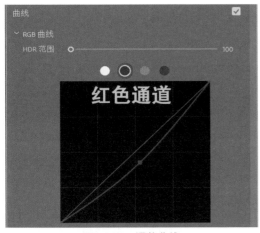

图2-6-50　调整曲线

**06** 调整后草地由黄色变回绿色，如图2-6-51所示。

图2-6-51　完成效果

## 2.6.6　调整音频

**01** 音频标准化处理，将音量大小调整到符合国家声音标准。单击音频素材，选择"剪辑">"音频选项">"音频增益"，如图2-6-52所示。

图2-6-52　音频增益

**02** 在弹出的音频增益对话框中，选择"标准化最大峰值为：0dB"。最下面的"峰值振幅"显示为-1.9dB，如

图2-6-53所示。

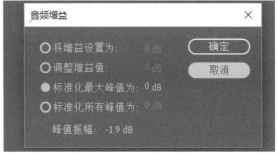

图2-6-53　音频标准化处理

**03** 指数淡化。在效果面板搜索"指数淡化"，将其添加到音频素材的开头与结尾之上，可以模拟淡入或淡出的音频效果，如图2-6-54所示。

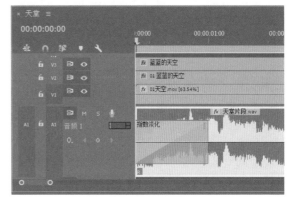

图2-6-54　音频开始和结尾添加指数淡化

## 2.6.7　整合输出

**01** 按Ctrl+S键保存项目工程文件，在菜单栏选择"文件">"导出">"媒体"，将序列输出成视频，如图2-6-55所示。

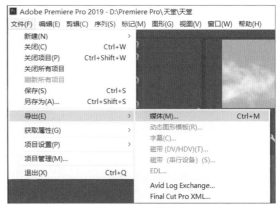

图2-6-55　输出影片

**02** 导出设置中修改输出范围，将输出格式修改为H.264，单击"输出名称"修改输出位置到工程目录

的"天堂"文件夹，命名为"天堂"，最后单击"导出"，输出影片，如图2-6-56、图2-6-57所示。

图2-6-56　输出范围

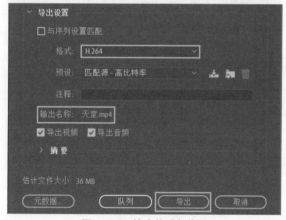

图2-6-57　输出格式与位置

**03** 渲染输出完成，如图2-6-58所示。

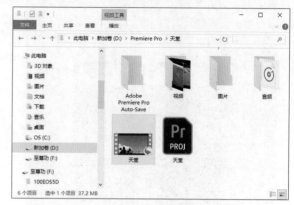

图2-6-58　输出影片到工程目录文件夹

可以说这个案例是前期的核心案例，需要认真学习。从下一章开始将分模块对校色、声音、文字、转场进行系统讲解。

# 第3章 校色

在学习Premiere Pro调色之前，让我们首先学习色彩的一些常用知识。

### 3.1.1 颜色理论

**RGB色彩模式：**目前绝大部分电子显示设备所采用的颜色模式，是由红色、绿色、蓝色三原色组成的颜色模式。

**三原色：**不能由其他色彩组合而成的颜色，在Premiere Pro中，三原色为红色（Red）、绿色（Green）、蓝色（Blue）。

三原色的每个颜色都包含256种亮度级别，当3个值都为0时，图像为黑色；当3个值都为255时，图像为白色。

**CMYK色彩模式：**彩色印刷时采用的一种套色模式，利用色料的三原色混色原理，加上黑色油墨，共计四种颜色混合叠加，形成所谓的"全彩印刷"。

**这四种标准颜色是青色（Cyan）、品红色（Magenta）、黄色（Yellow）、黑色（Black），**其中青色、品红色、黄色也称为三间色，如图3-1-1所示。

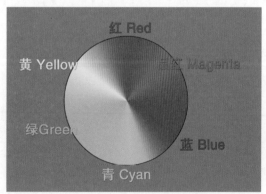

图3-1-1　三原色与三间色

**颜色混合：**如果以等量的三原色光混合，可以形成白色光。三原色中红色与绿色等量混合则成为黄色；绿色和蓝色等量混合为青色；红色与蓝色等量混合为品红色。

举个例子，我们想让绿色的草原变成秋天的黄色应该怎么处理？当然是添加红色，添加的红色越多黄色也就越多；反过来，如果有一个黄色的地面想让它变回绿色，就应该减少红色。

再举个例子，我们想让蓝色的天空变浅，颜色应该偏向青色，由于蓝色加绿色等于青色，所以加入绿色就能得到一个浅蓝色的天空。

**色彩三要素：色相（H）**是指色彩的相貌；**饱和度（S）**是指色彩的纯净程度，纯度越高，有色成分的比例越大，表现越鲜明；纯度越低，有色成分比例越低，表现则越暗淡。**亮度（B）**是指色彩的明亮程度。

**可以这样熟记色相环：**首先绘制一个正三角形，在三个顶点依次写上R、G、B，然后再绘制一个倒的正三角形，在三个顶点依次写上C、M、Y，这样就记住了色相环，如图3-1-2所示。

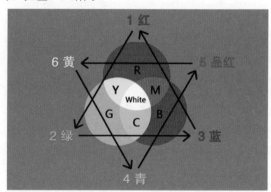

图3-1-2　牢记色相环

**互补色：**在色相环中，可以看到红色的互补色是青色；绿色的互补色是品红色；蓝色的互补色是黄色。当互补色并列出现时，会引起强烈的对比，会感到红色的更红、绿色的更绿，如图3-1-3所示。

图3-1-3　互补色使画面更具有视觉冲击力

## 3.1.2 基本校正

**01** 颜色工作区。首先在工作区单击"颜色"，将工作区切换为颜色工作区，确保"Lumetri范围"处于界面的左上区域，"Lumetri颜色"处于界面的右侧，如图3-1-4所示。

图3-1-4　颜色工作区

**02** "Lumetri范围"将视频的亮度和色度的分析结果显示为RGB波形图，我们要做到边调整颜色边随时关注Lumetri范围中显示的颜色区间。

在Lumetri范围面板右击，可以调出适量示波器、直方图、分量和波形，如图3-1-5所示。

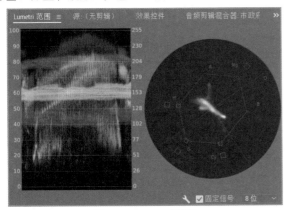

图3-1-5　Lumetri范围

**03** 颜色区间。颜色分布要求首先不溢出，其次尽量做到分布均匀。错误的颜色区间如图3-1-6所示。

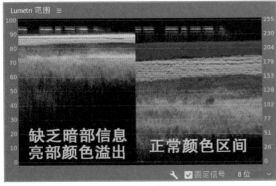

图3-1-6　颜色区间

**04** 当使用了"Lumetri 颜色"面板进行颜色校正之后，关闭 fx 切换效果开关，对比查看校色的效果，如图3-1-7所示。

图3-1-7　关闭Lumetri颜色

**05** 使用"基本校正"部分中的控件，可以修正过暗或过亮的视频，调整视频中的色相（颜色或色度）和明度（曝光度和对比度），如图3-1-8所示。

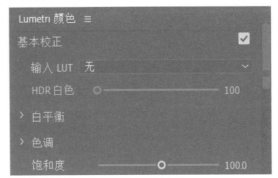

图3-1-8　基本校正

**06** 白平衡。视频的白平衡反映了拍摄视频时的采光条件，调整白平衡的色温和色彩属性可有效地改进视频的环境色，如图3-1-9所示。

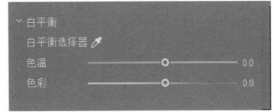

图3-1-9　白平衡

**色温：**使用色温等级来微调白平衡。将滑块向左移动可使视频看起来偏冷色，向右移动则偏暖色。

**色彩：**微调白平衡以补偿绿色或品红色色彩。要增加视频的绿色色彩，请向左移动滑块（负值），要增加品红色色彩，请向右移动滑块（正值）。

**07** 色调。使用不同的色调控件，可以调整视频剪辑的色调等级，如图3-1-10所示。

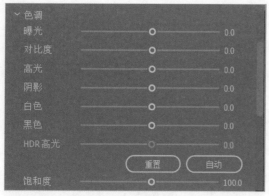

图3-1-10　色调

**曝光：**设置视频剪辑的亮度。向右移动曝光度滑块可增加色调值并扩展高光，向左移动滑块可减少色调值并扩展阴影。

**对比度：**调整对比度主要影响视频中的颜色对比，当增加对比度时，暗区变得更暗，亮区变得更亮。

**高光：**调整亮区。向左拖动滑块可使高光变暗。向右拖动滑块可在最小化修剪的同时使高光变亮。

**阴影：**调整暗区。向左拖动滑块可在最小化修剪的同时使阴影变暗。向右拖动滑块可使阴影变亮并恢复阴影细节。

**白色：**调整白色修剪。向左拖动滑块可减少高光中的修剪。向右拖动滑块可增加对高光的修剪。

**黑色：**调整黑色修剪。向左拖动滑块可增加黑色修剪，使更多阴影为纯黑色。向右拖动滑块可减少对阴影的修剪。

**饱和度：**均匀地调整视频中所有颜色的饱和度。向左拖动滑块可降低整体饱和度。向右拖动滑块可增加整体饱和度。

**08** 调整色温。让我们通过以下案例，学习下如何调整色温。这是一张在青岛海边拍摄的照片，但是因为清晨太阳还没完全升起，所以环境颜色偏向冷色，如图3-1-11所示。

图3-1-11　色温偏冷

**09** 调整色温为29.2，看到整体环境颜色偏向暖色，如图3-1-12、图3-1-13所示。

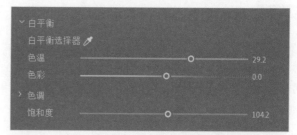

图3-1-12　调整色温

图3-1-13　调整色温后效果

**10** 调整色调。观察图片"荒漠"的"Lumetri范围"，看到缺少亮部区域，颜色趋于中间调与暗部区域，如图3-1-14、图3-1-15所示。

图3-1-14　荒漠

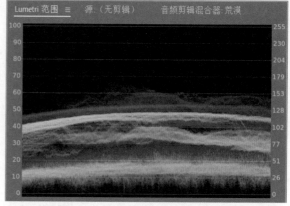

图3-1-15　Lumetri范围中视频缺少亮部信息

⓫ 首先微调色温，使画面色调偏冷，然后拖动滑块增加曝光值，最后压暗阴影，详细参数如图3-1-16所示。

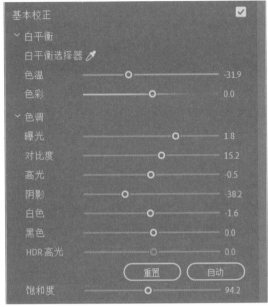

图3-1-16 色调修复颜色

⓬ 完成效果如图3-1-17所示。

图3-1-17 完成效果

⓭ 我们看下一个案例。"仙人掌"这张图片整体偏亮，并且感觉缺少颜色，如同放置在室外很久的海报，如图3-1-18所示。

图3-1-18 仙人掌

⓮ 观察"Lumetri范围"，看到色彩分布均匀，但是R、G、B三条色带偏亮，亮部信息受到一定程度的损失，如图3-1-19所示。

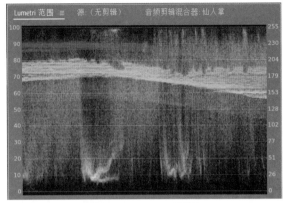

图3-1-19 Lumeri范围

⓯ 调高饱和度，然后减少对比度，最后降低阴影参数，详细参数如图3-1-20所示。

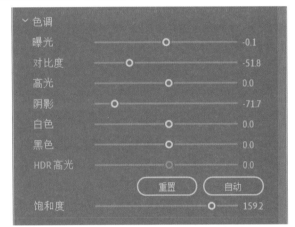

图3-1-20 详细参数

⓰ 查看调节完成的"Lumetri范围"，看到R、G、B三条色带已经下移，并且亮部区域得到了减弱，如图3-1-21、图3-1-22所示。

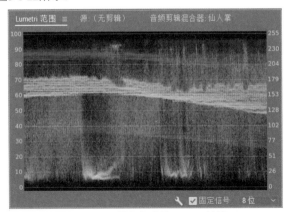

图3-1-21 调节完成的Lumetri范围

节目:仙人掌 ≡

图3-1-22 完成效果

### 3.1.3 创意

在"基本校正"面板对视频剪辑进行校正之后，可以使用创意面板加载"LUT预设"使影片呈现出电影般的风格色调。

① "Lumetri 颜色"面板提供Look预设缩略图查看器，在应用预设前，单击浏览Look预设，如图3-1-23所示。

图3-1-23 Look 预设缩略图

② 如果对软件内置的预设效果不满意，需要加载新的预设，单击"浏览"可以添加新预设，如图3-1-24所示。

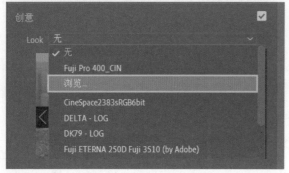

图3-1-24 加载LUT调色预设

③ 如果需要将预设在Look预设缩略图查看器中显示，需要将LUT预设下载并安装到C：\Program Files\Adobe\Adobe Premiere Pro CC 2019\Lumetri\LUTs\Creative目录之下，如图3-1-25所示。

图3-1-25 文件夹位置

Premiere Pro 将在启动时扫描文件夹，并从这些目录加载 LUT 文件。Creative 目录中的 LUT 显示在 Creative Looks下拉列表中，Technical 目录中的 LUT 显示在"输入 LUT"下拉列表中。

④ 笔者常用的LUT调色预设如图3-1-26所示。请注意"LUT调色预设"可以跨软件平台使用，如Photoshop、Final CutPro等。

图3-1-26 常用LUT调色预设

⑤ 调整。调整加载的LUT预设效果，如图3-1-27所示。

**淡化胶片：**对视频应用淡化影片效果。

**锐化：**调整边缘清晰度以创建更清晰的视频。向右拖动滑块可增加边缘清晰度，向左拖动滑块可减小边缘清晰度。请确保不过多地锐化边缘，过度锐化会使其看起来不自然。

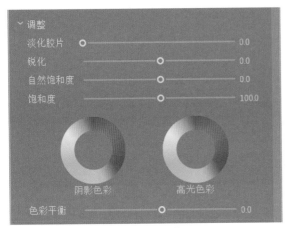

图3-1-27 调整

**自然饱和度**：调整饱和度以便在颜色接近最大饱和度时最大限度地减少剪剪。该设置可更改所有低饱和度颜色的饱和度，而对高饱和度颜色的影响较小。"自然饱和度"还可以防止肤色的饱和度变得过高。

**饱和度**：均匀地调整剪辑中所有颜色的饱和度，调整范围为0（单色）到200（饱和度加倍）。

**色彩轮**：使用阴影色彩轮和高光色彩轮，调整阴影和高光中的色彩值。空心轮表示未应用任何内容。要应用色彩，请单击轮的中间并拖动光标来填充各轮。

**色彩平衡**：平衡剪辑中任何多余的品红色或绿色。

**06** LUT应用案例。这是2019年早晨在黄岛开发新区所拍摄的素材，当时雾气比较大、能见度非常低，如图3-1-28所示。

图3-1-28 航拍素材

**07** 观察"Lumetri范围"，看到因为雾气原因导致感光度不够，亮部信息与暗部信息几乎都损失掉了，如图3-1-29所示。

**08** 尝试使用基本校正面板的"色调"修复视频颜色，要调节的参数较多并且效果不是非常理想，所以在下拉菜单找到曲线，使用曲线进行调节，如图3-1-30所示。

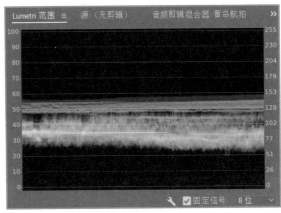

图3-1-29 查看颜色区间

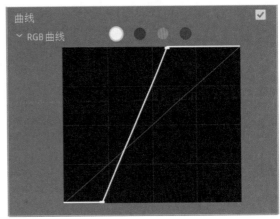

图3-1-30 亮度级别调节到230即可

**09** 经过RGB曲线的调整，看到画面被很好地修复，"Lumetri范围"面板显示的颜色分布也变得非常均匀，如图3-1-31、图3-1-32所示。

图3-1-31 调整后的效果

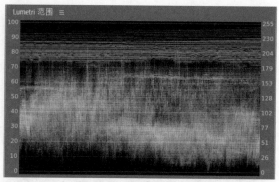

图3-1-32　调整后的颜色区间

⓾ 单击"预览"加载外置预设Vision X-LOG，强度可以降到78.1，如图3-1-33所示。

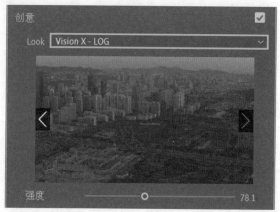

图3-1-33　加载预设

⓫ 加载"LUT调色预设"后，看到画面略暗，微调曲线的中间调，让画面整体偏亮，如图3-1-34所示。

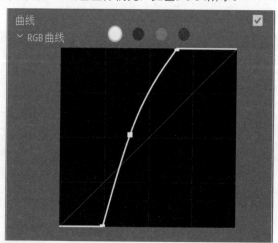

图3-1-34　提亮中间调

⓬ 颜色得到了很好的还原，最终完成效果如图3-1-35所示。

图3-1-35　最终效果

⓭ 换一个LUT预设试一下，如选择M31-Rec.709预设，调整曲线中间调，让画面整体偏亮。看到画面偏绿，多了一些电影的感觉，如图3-1-36所示。

图3-1-36　加载新的预设

⓮ 展开调整修改预设。首先降低LUT预设的强度，然后追加饱和度，最后在"高光颜色"处，调整色彩轮，使高光颜色偏暖，如图3-1-37所示。完成效果如图3-1-38所示。

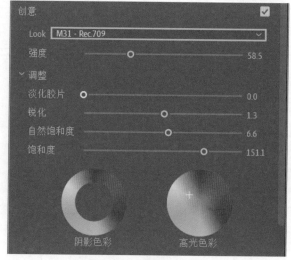

图3-1-37　调整预设参数

图3-1-38 完成效果

### 3.1.4 处理航拍素材

**01** 后期经常会遇到"RAW格式"的航拍视频。例如，"DJI_0003"这个素材的大小是4096×2160，画面对比度非常低，观察颜色区间看到画面趋于中间调，如图3-1-39、图3-1-40所示。

图3-1-39 低对比度画面

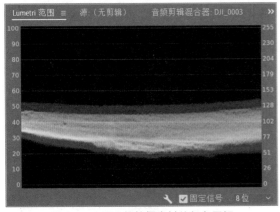

图3-1-40 无人机拍摄素材的颜色区间

**02** 大疆无人机拍摄时，摄像机会通过保留更大动态范围来捕捉更多细节。从原理上讲，这样会记录一个对比度非常低的图像，高光不会爆裂，阴影也不会变成纯黑色。

这样做的好处是保存最多细节，记录景物原始信息，方便影片后期调色处理。遇到这样的素材可以去大疆的官网上下载D-Log to Rec.709 LUT这个颜色预设，如图3-1-41所示。

图3-1-41 官网下载预设

**03** 在基本校正下的输入LUT加载D-Log to Rec.709，请注意不要加载到创意组内的Look里面。最后调节数值，如图3-1-42所示。

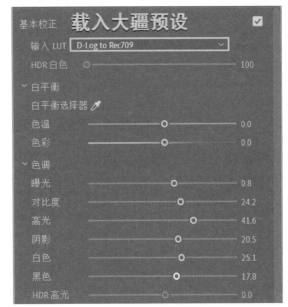

图3-1-42 载入预设

**04** 调节完成效果与调节后的颜色区间，如图3-1-43、图3-1-44所示。

图3-1-43　完成效果

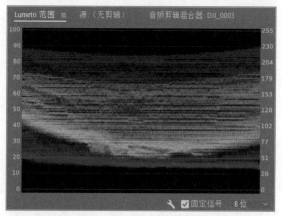

图3-1-44　调节完成后颜色的区间

课后作业：从LUT调色预设合集中，挑选10个好用的预设效果。

## 3.2 Lumetri 颜色（下）

### 3.2.1　曲线

**01** 在RGB曲线里，线条的右上角区域代表高光，左下角区域代表阴影，主要用于调整剪辑的亮度和色调范围，如图3-2-1所示。

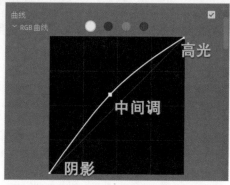

图3-2-1　RGB曲线——白色主曲线控制亮度

**02** 要调整不同的色调区域，请直接向曲线添加控制点，然后拖动控制点来调整色调区域。

向上或向下拖动控制点，可使色调区域变亮或变暗；向左或向右拖动控制点，可增加或减少对比度，如图3-2-2、图3-2-3所示。

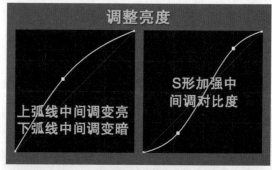

图3-2-2　调整亮度

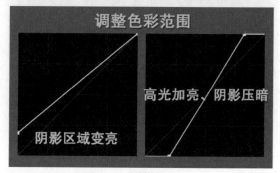

图3-2-3　调整色彩范围

**03** 要删除控制点，请按Ctrl键并单击控制点，如图3-2-4所示。

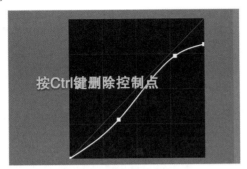

图3-2-4 删除控制点

**04** 调整主曲线的同时，随之也调整了RGB三个曲线的通道值。当然也可以仅选择针对红色、绿色或蓝色通道进行选择性地调整色调值，如图3-2-5所示。

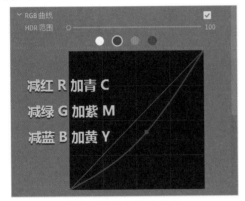

图3-2-5 加减通道颜色

**05** 红色的互补色是青色。在曲线中减少红色，画面会偏向青色。同理如果减少绿色，那么画面加入更多的品红色，如图3-2-6所示。

图3-2-6 RGB加色模式与色轮

**06** 色相、饱和度和亮度曲线。Premiere Pro提供了以下颜色曲线，供用户对剪辑进行不同类型的颜色调整，如图3-2-7所示。

**色相与饱和度：** 选择色相范围并调整其饱和度水平。

**色相与色相：** 选择色相范围并将其更改至另一色相。

**色相与亮度：** 选择色相范围并调整亮度。

**亮度与饱和度：** 选择亮度范围并调整其饱和度。

**饱和度与饱和度：** 选择饱和度范围并提高或降低其饱和度。

图3-2-7 不同的颜色曲线

**07** 在色相饱和度曲线里，可以采用以下几种操作方式：

（1）使用滴管工具，可以自动向曲线添加三个控制点。调节两侧控制点可以修改颜色采样范围，如图3-2-8所示。

（2）向上或向下拖动中心控制点，可提高或降低选定范围的输出值。

（3）按下Shift键可将控制点进行锁定，使其只能上下移动。

（4）按住Ctrl键可以删除单个控制点，双击任何控制点可以重置曲线。

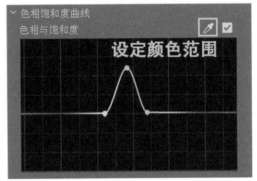

图3-2-8 设定颜色范围

**08** 色相饱和度曲线可以编辑图像内任意色相的饱和度。在本例中，我们需要追加天空与教堂屋顶的饱和度，但是希望教堂主体饱和度不变，以保持建筑的沧桑感，如图3-2-9所示。

图3-2-9 教堂

**09** 局部调整。使用吸管工具吸取蓝色，调节两侧控制点，设定颜色采样范围，提高选定范围的输出值，如图3-2-10所示。

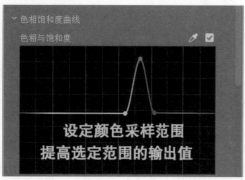

图3-2-10 提亮蓝色

🔟 调节完成后，天空变得更蓝，其他的区域并没有受到太多的影响，如图3-2-11所示。下一步我们处理屋顶的饱和度问题。

图3-2-11 天空饱和度被追加

1️⃣1️⃣ 拖动滑块使红色居中，然后继续使用吸管工具🖋吸取屋顶颜色，调节两侧控制点，设定颜色采样范围，提高选定范围的输出值，完成效果如图3-2-12、图3-2-13所示。

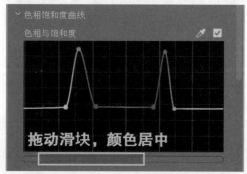

图3-2-12 设定调整屋顶饱和度

图3-2-13 调节完成后屋顶瓦片追加了饱和度

1️⃣2️⃣ 保留单一颜色。我们经常在电影中看到一种效果，为了突出主体要素画面仅保留红色，如《地狱男爵：血皇后崛起》，如图3-2-14所示。

图3-2-14 单一颜色示例

1️⃣3️⃣ 在图片中，首先使用吸管工具🖋吸取画面中的红色，然后调节红色颜色区间的范围，降低两侧控制点，消减除红色之外的颜色饱和度，如图3-2-15、图3-2-16所示。

图3-2-15 吸取红色

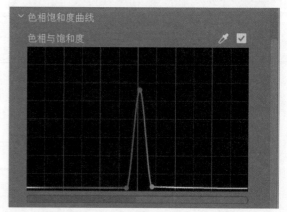

图3-2-16 仅保留红色，降低其他通道

1️⃣4️⃣ 完成后看到画面中除了红色，剩余的颜色被很好地消除了，如图3-2-17所示。

图3-2-17 调节完成效果

**15** 使用色相与色相曲线，可以将一种色相变成另一种色相。在本案例中，我们将使用颜色曲线修改人物背景颜色的色相，由绿色改为蓝色，原图如图3-2-18所示。

图3-2-18 使用三点照明方式拍摄的照片

**16** 使用吸管工具，吸取背景色，设定颜色的范围，向下拖动将色相由绿色改成蓝色，如图3-2-19所示。

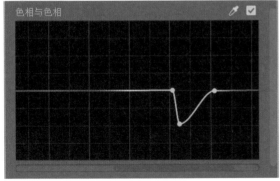

图3-2-19 调节曲线

**17** 调节完成，看到画面背景被调成了蓝色，如图3-2-20所示。

使用"色相与色相曲线"更改颜色，请尽量选择色块面积大，颜色杂色较少的区域。遇到这类问题可以结合"遮罩"绘制蒙版进行处理。

图3-2-20 调节完成效果

### 3.2.2 色轮和匹配

使用"颜色匹配"可以将整个序列中两个不同镜头的颜色和光线外观匹配一致。

**01** 将参考颜色的图片放置到时间轴上，然后将"山谷"放置到参考图片之后，如图3-2-21所示。

图3-2-21 将参考图片和图片放置到序列

**02** 色轮和匹配。在"颜色匹配"后单击"比较视图"，如图3-2-22所示。

图3-2-22 比较视图

**03** 比较视图。节目监视器被拆分成了两个，左侧为参考画面，右侧为将要修改的画面。

首先单击"垂直拆分"，然后选择要匹配的帧，如图3-2-23所示。

图3-2-23　比较视图

**04** 在色轮和匹配下，单击"应用匹配"，看到参考图片的色彩外貌已经映射到"山谷"之上，如图3-2-24所示。

图3-2-24　应用匹配

**05** "颜色匹配"功能不是万能的，当参考镜头颜色过于极端或者异常复杂，会导致颜色匹配失败或不准确。

可以单击"水平拆分"，然后调整两个画面之间的分割线，决定两张图片的显示比例，如图3-2-25所示。

图3-2-25　应用颜色匹配

**06** 调节完成，可以单击"镜头或帧比较"图标，查看单画面最终效果。我们看到参考图片的颜色外貌被很好地添加到"山谷"之上，如图3-2-26所示。

**07** 色轮。使用色轮调整阴影、中间调和高光的细节，在亮度不合适的剪辑中使区域变亮或变暗。

使用滑块控件，向下拖动"阴影滑块"使阴影变暗，

向上拖动"高光滑块"使高光变亮，如图3-2-27所示。

图3-2-26　镜头或帧比较

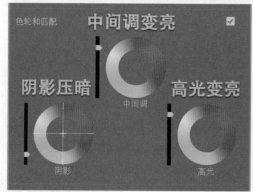

图3-2-27　调整中间调、阴影和高光的亮度

**08** 更多的时候，我们使用色轮决定影片的色彩关系。例如，我们常将亮部颜色调节为橙红色，暗部颜色调节为青蓝色，如图3-2-28所示。

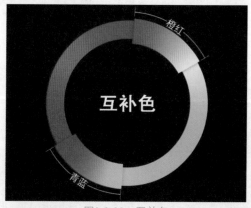

图3-2-28　互补色

这两种颜色是互补色，处于色轮相对的两端，人眼更喜欢这类冷暖互补色。我们在电影与电视剧中就经常可以看到这种色彩关系。

### 3.2.3　HSL辅助

通常对视频进行校色与调色之后，可以使用"HSL辅助"将局部颜色进行抠像提取，并对其应用辅助颜色校正。

**01** "HSL辅助"的目标是精确控制某个特定颜色，而不是整个图像。例如，通过从背景突出特定颜色或抠出特定亮度范围（如天空）来增强特定颜色。

在下面的案例中，我们要将这个由多种颜色组成的天空抠出并更改颜色，如图3-2-29所示。

图3-2-29　夜空

**02** 项目面板选择"新建项">"调整图层"，创建调整图层并放置到轨道2上，使用调整图层进行校色处理，如图3-2-30所示。

图3-2-30　新建调整图层

**03** 选区目标颜色。在"键">"设置颜色"单击 吸管工具，吸取天空的颜色。然后单击 "加号吸管"追加颜色范围，勾选"彩色/灰色"前面的复选框，仅显示受影响的范围，使用H/S/L滑块可以调整和优化选区，如图3-2-31、图3-2-32所示。

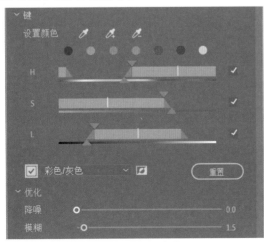

图3-2-31　设置颜色

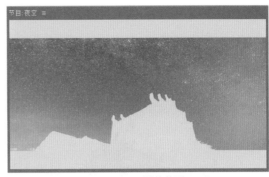

图3-2-32　调整范围

**降噪：**使用降噪滑块可令颜色平滑过渡，并移除选区中的所有杂色。

**模糊：**使用模糊滑块可以柔化蒙版的边缘，更好地混合选区。

**04** 选定要调整的范围之后，可以使用"更正"组件的命令对颜色进一步校正处理。取消"彩色/灰色"前面的复选框，可以查看更改效果。

默认情况下，会显示"中间调色轮"，但是可以通过色轮上方的图标切换到传统的"3向色轮"，如图3-2-33所示。

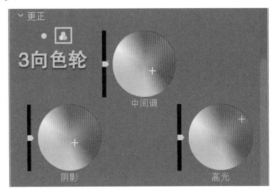

图3-2-33　色板

**05** 在色轮下方，提供了"色温""色彩""对比度""锐化""饱和度"调整带，可以用于精准的控制校正，如图3-2-34所示。

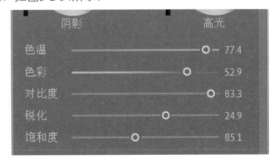

图3-2-34　更正颜色

**06** 完成效果如图，天空的颜色被很好地进行了调整，如图3-2-35所示。

图3-2-35　完成效果

### 3.2.4　晕影

**01** 使用晕影可以控制边缘的大小、形状以及变亮或变暗量。本案例使用的素材如图3-2-36所示。

图3-2-36　女生

**02** 晕影的参数调节如图3-2-37所示。

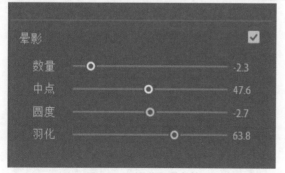

图3-2-37　调节晕影参数

**数量：** 沿图像边缘设置变亮或变暗量。在框中键入数字，或移动滑块逐渐对剪辑着色。

**中点：** 移动滑块或输入较小的数字，以影响图像的更多部分。输入较大的值可限制图像边缘的效果。

**圆度：** 指定晕影的大小。负值可产生夸张的晕影效果，正值可产生较不明显的晕影。

**羽化：** 定义晕影的边缘。较小的值可创建更清晰、更硬的边缘，而较大的值表示更柔和、更宽的边缘。

**03** 完成效果如图3-2-38所示。

图3-2-38　添加晕影

**04** 三向颜色校正器。老版本的Premiere Pro是没有"Lumetri颜色"面板的，这里推荐使用"三向颜色校正器"进行颜色校正，如图3-2-39所示。

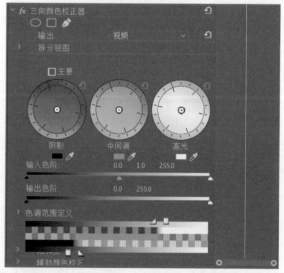

图3-2-39　三向颜色校正器

# 3.3 校色插件 Magic Bullet Suite

Magic Bullet Suite（魔术子弹包）是Red Giant（红巨人）公司出品的一款调色插件包，内含Looks与Colorista IV这两个在调色领域具有跨时代意义的调色插件。魔术子弹包界面直观，操作方便，为初学者提供了大量预设效果，Looks工作界面如图3-3-1所示。

图3-3-1　Looks工作界面

## 3.3.1 Looks

**01** 安装插件之后，在效果面板单击"视频效果">RG Magic Bullet > Looks，将其添加到时间轴的素材之上，如图3-3-2所示。

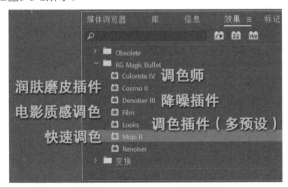

图3-3-2　Magic Bullet常用滤镜

**02** 选择素材，进入效果控件面板，可以找到Looks，单击Edit Looks可以进入Looks的专属界面，如图3-3-3所示。

添加Looks效果之后，我们可以创建蒙版决定这个Looks的影响范围；Strength的百分比决定了Looks的效果强度；如果对效果不满意，可以单击 ↺ 重置所有命令参数。

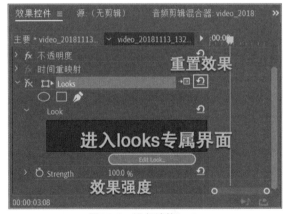

图3-3-3　视频滤镜Looks

**03** 进入Looks界面后，单击左下方的Looks会弹出已有的预设，每选择一个预设就会有相应的效果节点自动添加到工作面板中。

选择好预设后，单击右下角的 ✓，加载效果到素材上并退出Looks专属界面，如图3-3-4所示。

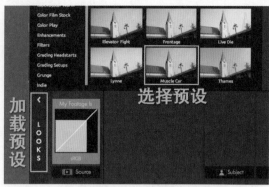

图3-3-4　Looks预设

**04** 单击右侧Tools会弹出工具面板，大约有15个常用的效果。右下方是Looks的工作面板，它由五个部分组成，分别模拟日常拍摄时的工作流程，如图3-3-5所示。

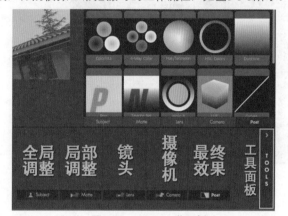

图3-3-5　Looks工作面板

### 3.3.2　Subject（全局调整）

全局调整可以重新调整拍摄时所处的灯光环境。常用的五个命令都是关于如何调整高光/阴影，如图3-3-6所示。

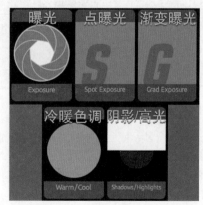

图3-3-6　全局调整常用命令

**01** Exposure（曝光）：控制进光量。光圈越大，光可以通过的面积就越大，进光量增加，会让画面变亮，如

图3-3-7所示。

图3-3-7　曝光

**02** Spot Exposure（点曝光）：给画面添加新的曝光点，还可以修改曝光颜色，如图3-3-8所示。

图3-3-8　点曝光

**03** Grad Exposure（渐变曝光）：可以用来模拟蓝色渐变效果，如图3-3-9所示。

图3-3-9　渐变曝光

**04** Warm/Cool（冷暖色调）：决定环境的颜色冷暖倾向，如图3-3-10所示。

图3-3-10　冷暖色调

**05** Shadow/Highlights（阴影/高光）：调整照片中曝光不足或者曝光过度的区域，如图3-3-11所示。

图3-3-11 阴影/高光

### 3.3.3 Matte（局部调整）

局部调整可以模拟拍摄时放在镜头前面的各种滤光镜效果，常用的命令有两个，如图3-3-12所示。

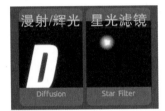

图3-3-12 Matte常用命令

**01** Diffusion（漫射/辉光）：镜头有一层薄雾的感觉，如图3-3-13所示。

图3-3-13 漫射/辉光

**02** Star Filter（星光滤镜）：能够在场景中每个明亮的光点处产生星状闪光的效果，如图3-3-14所示。

图3-3-14 星光滤镜

### 3.3.4 Lens（镜头）

镜头相当于摄像机的变焦环与聚焦环，变焦用来控制成像的大小，聚焦用来控制成像的清晰度。常用的有三个命令如图3-3-15所示。

图3-3-15 Lens常用命令

**01** Lens Distortion（镜头畸变）：使画面模拟光学透镜所产生的镜头失真，如图3-3-16所示。

图3-3-16 镜头畸变

**02** Edge Softness（边缘柔和）：突出画面主体，将背景环境虚化（注意模糊数值不易过大），如图3-3-17所示。

图3-3-17 边缘柔和

**03** Haze/Flare(模拟漏光)：模拟灯光透过百叶窗的效果，如图3-3-18所示。

图3-3-18 模拟漏光

### 3.3.5 Camera（摄像机）

该功能可以给摄像机添加不同的胶片效果或颜色模式，常用命令如图3-3-19所示。

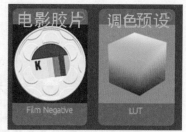

图3-3-19 Camera常用命令

**01** Film Negative（电影胶片）：使画面呈现不同种类的胶片效果，如图3-3-20所示。

图3-3-20 电影胶片

**02** LUT（调色预设）：通过加载已有预设从而改变画面的曝光与色彩，使画面迅速拥有很好的色彩和胶片质感，如图3-3-21所示。

图3-3-21 LUT

### 3.3.6 Post（最终效果）

该功能可在最后添加自己的风格特效，常用的命令有三个，如图3-3-22所示。

图3-3-22 Post常用命令

**01** Mojo Ⅱ：通过加载预设，可以快速模拟电影大片风格，尤其是好莱坞电影色调，如图3-3-23所示。

图3-3-23 Mojo Ⅱ

**02** Contrast（对比度）：增大或减弱图像对比度，如图3-3-24所示。

图3-3-24 Contrast

### 3.3.7 Colorista（调色师）

**01** Colorista（调色师）除了在Looks中作为一个重要的节点，在效果面板中也能找到Colorista Ⅳ。它比在Looks当中多了一个属于自己的蒙版界面，如图3-3-25所示。

图3-3-25 Colorista

**02** 首先在效果面板添加Colorista Ⅳ，然后找到Curves（曲线），对素材进行初级校色（修正曝光过度、阴影过黑、中间调偏暗或偏亮等错误），使色调回归正常。

然后我们可以选择LUT直接加载一个预设完成初始颜色调整，如图3-3-26所示。

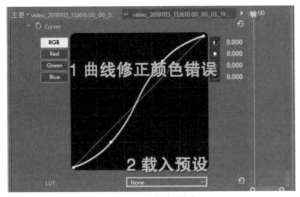

图3-3-26 初级校色

**03** 选择Color Correction（颜色校正）>3-Way，通过分别调整高光、阴影、中间调颜色，确定画面的冷暖风格与色调，如图3-3-27所示。

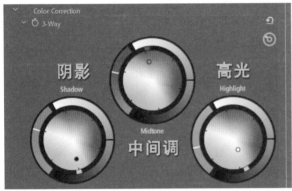

图3-3-27 色调与冷暖

**04** 选择Hue and Saturation>HSL，可以分别调整某个颜色区间的饱和度与明度（例如，让天更蓝一点或者让教堂的顶部更红一些），如图3-3-28所示。

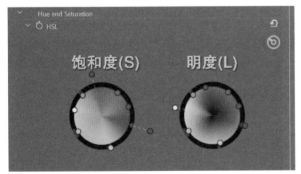

图3-3-28 饱和度与明度

温馨的场景可以使用暖色，表现危险场景时，可以使用偏冷的颜色烘托气氛，如图3-3-29、图3-3-30所示。

图3-3-29 暖色

图3-3-30 冷色

但是更多的时候我们会选用冷暖结合的补色关系，形成更强的对比效果。这也是好莱坞常用的调色手法，如图3-3-31所示。

图3-3-31 冷暖结合

**05** 单击Key>Edit，进入Colorista Ⅳ的专属蒙版界面，可以对图像进行局部调色弱化或者强化某个区域的色调，以突出主体并且使画面层次感更强，如图3-3-32所示。

图3-3-32　进入蒙版界面

**06** 在右下角的Looks蒙版中，白色表示受校色影响区域，黑色表示不受影响区域。

　　单击▣在图像中选择一块选区，然后使用➕增加选区，如图3-3-33所示。

图3-3-33　制作选区

**07** 做好选区之后，单击Softness（羽化边缘），单击"确定"退出蒙版界面，如图3-3-34所示。

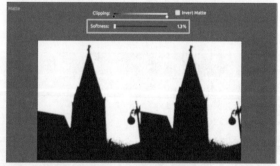

图3-3-34　羽化边缘

**08** 给整个画面调一个较夸张的颜色。看到只有天空颜色发生了变化，其他区域因为受到蒙版的保护，所以颜色没有发生变化，这就是局部调色，如图3-3-35所示。

图3-3-35　蒙版保护

**09** Colorista这个节点讲解完成，再次回到Looks，学习快照功能。如图3-3-36所示，快照的常用功能为：

　　①单击相机拍摄一个快照；②展开快照窗口；③单击需要的快照；④单击下方三角形切换快照与现在效果的显示比例。

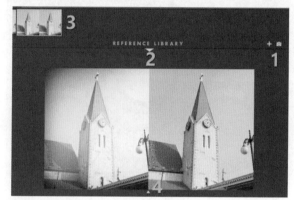

图3-3-36　快照

### 3.3.8　预设与监视器

**01** 如果调好一个预设，可以单击"保存预设"，然后命名为"0001"，将这个预设保存，如图3-3-37所示。

图3-3-37　保存预设

**02** 选择Custom，就会看到我们刚才保存的预设0001，如图3-3-38所示。

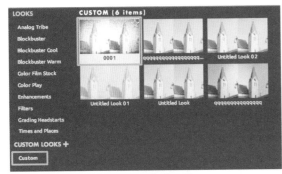

图3-3-38 加载预设

**03** 网上有很多Looks预设。单击❖齿轮，然后选择View Presets Folder（显示预设文件夹）将下载好的预设粘贴进去即可，如图3-3-39所示。

图3-3-39 显示预设

**04** 常用预设效果如图3-3-40所示。

```
1.Awesome Looks by Brent Pierce（34种）
  恐怖片调色预设
2.Eric Escobar's Indie Film for Looks（20种）
  电影级别调色预设1
3.Eric Escobar's Indie Film for Looks II（25种）
  电影级别调色预设2
4.Simon Walkers Master Artists Looks（27种）
  大片级别调色预设
5.Simon Walkers Wedding and Event For Looks（30种）
  婚礼片调色预设
6.Stu Maschwitz's Rebel Epic for Looks（30种）
  大片史诗类调色预设
```

图3-3-40 常用预设

**05** 单击左上角的SCOPES（颜色范围），可以进入RGB Parade 将RGB波形显示。颜色的信息范围在此非常直观，如图3-3-41所示。

RGB分色显示要点：

（1）要注意RGB的三色数值，不能超过1.0。过高会产生曝光效果。

（2）数值在0～1.0之间的颜色，分别对应着图像暗部、中间调区域、亮部，可以检查颜色分布是否合理。当前图像的颜色分布非常合理。

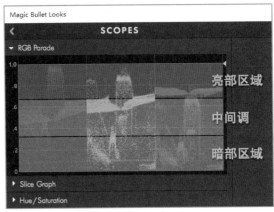

图3-3-41 RGB波形显示

**06** 不合理的波形如图3-3-42所示，当前的RGB Parade中暗部区域没有颜色，所以这个图像画面一定非常亮，甚至可能会过度曝光。

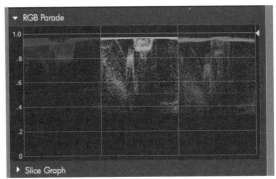

图3-3-42 不合理的波形

# 第4章　音频

# 4.1 数字音频基础知识

声音和画面是视频的两个重要组成部分，本节我们讲解音频的基础知识、音量调节控制以及如何录制画外音与网页声音。

## 4.1.1 数字音频

首先让我们学习几个重要的音频概念。

**01 声波：** 声音始于振动，如吉他弦、人的声带或扬声器纸盆产生的振动。这些振动会通过空气分子波浪式地进行传播。振动波的变化传到人耳时，会振动耳中的神经末梢，我们将这些振动听为声音。

将音频进行可视化波形显示时，波形中的零位线是静止时的空气压力，当曲线向上波动到波峰时，表示较高压力；当曲线向下波动到波谷时，表示较低压力，如图4-1-1所示。

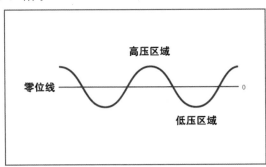

图4-1-1　表现为可视化波形的声波

**02 响度：** 人主观上感觉的声音大小称为响度（俗称音量），由"振幅"和人离声源的距离决定。

**振幅：** 是指振动物体离开零位线位置的最大距离，振幅描述了物体振动幅度的大小和振动的强弱。声波的振幅反映了声音的强弱，振幅越大声音越强，反之亦然，如图4-1-2所示。

**03 分贝：** 全称分贝尔，常用dB表示。主要用于度量声音的强度（就是振幅），分贝还是一种测量声音相对响度的单位，如图4-1-3所示。

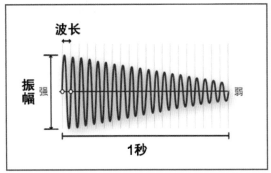

图4-1-2　振幅

1分贝是人类耳朵刚刚能听到的声音。

20分贝以下的声音，一般来说，我们认为它是安静的。

20~40分贝大约是情侣耳边的喃喃细语。

40~60分贝属于我们正常的交谈声音。

60分贝以上就属于吵闹范围了。

70分贝是很吵的声音，而且开始损害听力神经。

90分贝以上就会使听力受损。

100~120分贝的声音，会让人类暂时性失聪。

图4-1-3　分贝表

**04 频率：** 物体每秒振动的次数，单位是赫兹（Hz），频率越高，音乐音调就越高。

**知识补充** 人类的发声频率在100Hz（男低音）到10 000Hz（女高音）。正常人能够听见20Hz到20 000Hz的声音，而老年人能听到的高频声音减少到10 000Hz（甚至可以低到6000Hz）左右。

人们把频率高于20 000Hz的声音称为超声波，低于20Hz的称为次声波。例如，蝴蝶的翅膀每秒振动5~6次，属于次声波，蚊子的翅膀每秒振动500~600次，在听觉范围之内。

**05** "多频段压缩器"是频率在Premiere Pro中的一个应用效果器，它将20～120Hz归为低音频段，将120～2000Hz归为中音频段，将2000～10 000Hz归为高音频段，如图4-1-4所示。

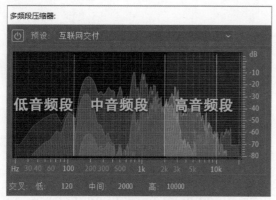

图4-1-4 低音频段/中音频段/高音频段

**06 采样率**：表示音频信号每秒的数字快照数。该速率决定了音频文件的频率范围。采样率越高，数字波形的形状越接近原始模拟波形。低采样率会限制可录制的频率范围，这可能导致录音表现原始声音的效果不佳，如图4-1-5所示。

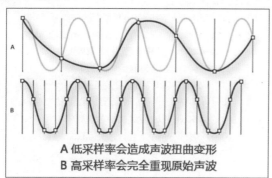

图4-1-5 采样率

最常用的采样频率是48 000Hz，它的意思是每秒取样48 000次，因为人们发现这个采样频率最合适，低于这个值就会有较明显的损失，而高于这个值人的耳朵已经很难分辨，而且增大了数字音频所占用的空间。

数字音频常见的采样率应用标准，如图4-1-6所示。

| 采样率 | 品质级别 | 频率范围 |
| --- | --- | --- |
| 32,000 Hz | 好于 FM 电台（标准广播采样率） | 0~16,000 Hz |
| 44,100 Hz | CD | 0~22,050 Hz |
| 48,000 Hz | 标准 DVD | 0~24,000 Hz |
| 96,000 Hz | 蓝光 DVD | 0~48,000 Hz |

图4-1-6 音频采样率

**07 单声道**是把来自不同方位的音频信号混合后统一由录音器材记录下来，它没有方向感，左右两个音箱发出的声音完全相同，因此听着会感觉单调，基本没有空间感，如图4-1-7所示。

图4-1-7 单声道

**08 双声道立体声**是利用双耳效应，重放时左右两个音箱发出的声音相位和强度完全不同，它可以真实还原声源的空间方位，因此也称双声道立体声，如图4-1-8所示。

图4-1-8 双声道立体声

**09 5.1环绕立体声**是把听者包围起来的一种重放方式。除了保留原始信号的声源方位感外，还伴随着围绕感和扩展感，使听者能够区分出周围不同方位的声音，逼真地再现出声源的直达声和厅堂各方向的反射声。

5.1环绕立体声包含以下声道：三条前置音频声道（左声道、中置声道、右声道）；两条后置或环绕音频声道通向低音炮扬声器的低频效果（LFE）音频声道，如图4-1-9所示。

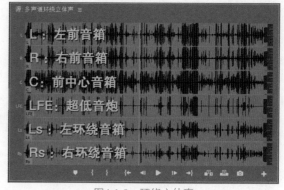

图4-1-9 环绕立体声

### 4.1.2　编辑音频

**01** 创建项目文件夹。在D盘的Premiere Pro文件夹内，创建一个"数字音频基础"文件夹，将素材文件拷贝进去。启动Premiere Pro新建项目，项目名称为"数字音频基础"，位置指定到刚才创建的"数字音频基础"文件夹，如图4-1-10所示。

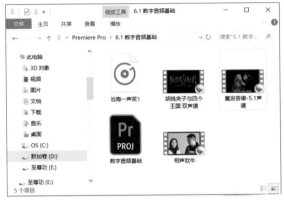

图4-1-10　新建项目

**02** 选择音频"沧海一声笑"，拖到时间轴上创建序列，按空格键预览声音。

右侧的"音频仪表"记录了当前的音量大小，同时两条音轨告诉我们当前音频为双声道立体声，如图4-1-11所示。

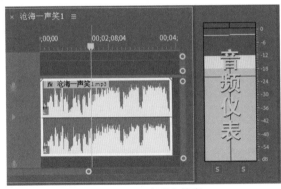

图4-1-11　双声道立体声

**03** 音频仪表显示序列混合输出后的总音量信息。音频仪表上显示的刻度是分贝（dB）。分贝刻度反常的地方是最高音量被指定为0，较低的音量会变成越来越小的负数，直到变为负无穷大，如图4-1-12所示。

右击音频仪表，可以选择不同的显示比例，默认的是60dB范围。动态峰值会不断更新峰值电平，静态峰值会标记并保持最高峰值。

**04** 在项目面板中将"魔发奇缘"拖到新建项上创建序列，播放序列看到当前声音为5.1环绕立体声，如图4-1-13所示。

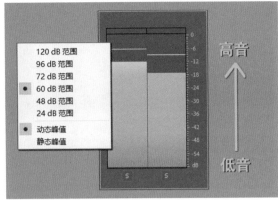

图4-1-12　音频仪表（注意红色表示声音过载）

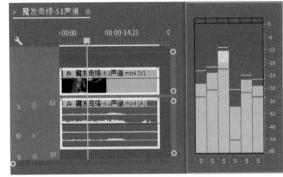

图4-1-13　5.1环绕立体声

**05** 拆分为单声道。可以将5.1声道的音频素材分离为多个单声道的音频素材。

项目面板单击"魔发奇缘"，在菜单栏选择"剪辑">"音频选项">"拆分为单声道"，如图4-1-14所示。

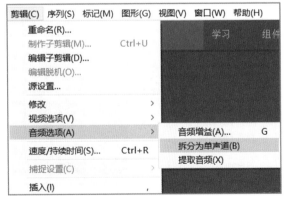

图4-1-14　拆分为单声道

原来的5.1声道的音频素材就会根据声道被拆解成6个音频素材，如图4-1-15所示。

> **知识补充** 如果在软件中"音频选项"不能被修改，并呈现为灰色，是因为当前单击的是"序列"而不是"音频素材"。

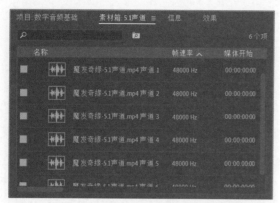

图4-1-15 拆分出的6个单声道素材

**06** 提取音频。如果我们只需要视频中的音频素材，可以使用提取音频功能，将素材中的局部音频提取为独立的音频素材。

项目面板单击"魔发奇缘"，菜单栏选择"剪辑">"音频选项">"提取音频"，如图4-1-16所示。

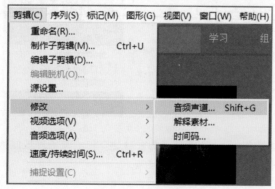

图4-1-16 提取音频

**07** 修改音频声道，将5.1声道修改为双声道。在项目面板单击"魔发奇缘"，菜单栏选择"剪辑">"修改">"音频声道"，进入"修改剪辑"对话框之后，看到当前剪辑的声道为5.1，如图4-1-17、图4-1-18所示。

**08** 修改音频声道。将5.1修改为"立体声"，这时将音频添加给序列时，会自动将"5.1声道"压缩为"双声道立体声"，如图4-1-19所示。

图4-1-18 当前剪辑音频为5.1声道

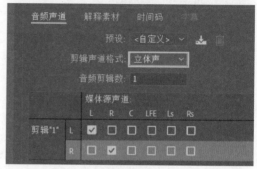

图4-1-19 修改剪辑音频为立体声

**09** 输出5.1声道。如果需要输出5.1声道，在"基本音频设置"中，"声道"请选择5.1，如图4-1-20所示。

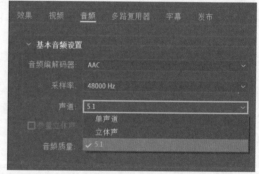

图4-1-20 输出5.1声道

**10** 使用轨道计。可以将"音频仪表"放置到每一条音频轨道之上，在时间轴单击 ▶ >自定义音频头，在弹出的"按钮编辑器"中将"轨道计"拖到音频1轨道之上，如图4-1-21、图4-1-22所示。

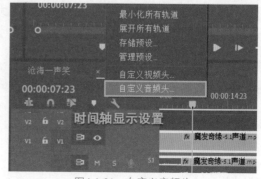

图4-1-21 自定义音频头

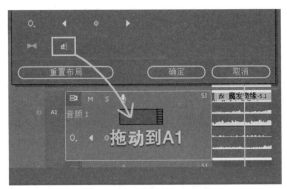

图4-1-22 拖动轨道计到A1

**11** 调节音频效果。选择序列"沧海一声笑",然后进入效果控件面板,如图4-1-23所示。

音量可以调整剪辑音量大小;声道音量可以调整剪辑各个声道的电平值;声像器可以调整所选剪辑的总立体声左/右均衡控制。

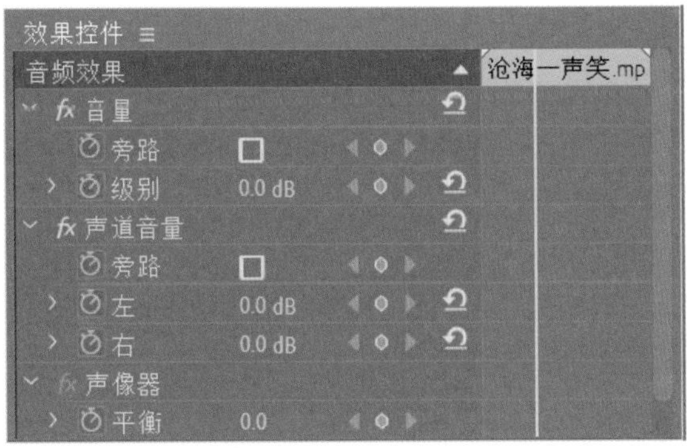

图4-1-23 音频效果

**12** 调节音量。在"级别"处输入一个电平值,负值表示减小音量,正值表示增加音量。数值为0.0dB,表示剪辑的原始音量,如图4-1-24所示。

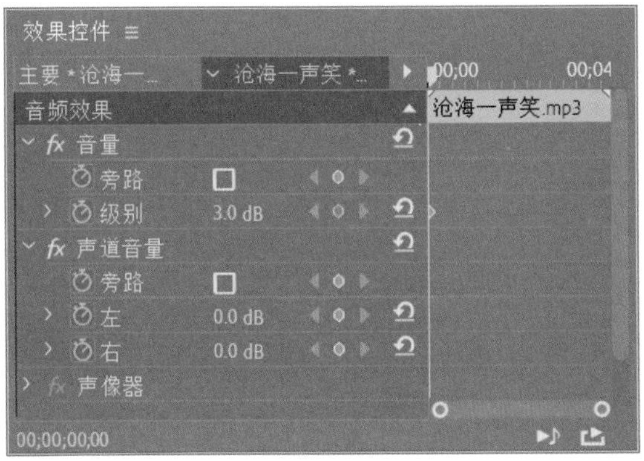

图4-1-24 声音增大3dB

注意"音频效果"下所有的"切换动画"开关都是打开的,意味着每次更改将添加一个关键帧。

**13** 设置橡皮带。首先增加A1音频轨道的高度,会看到一根用于控制音量的白色细线,通常称之为"橡皮带",如图4-1-25所示。

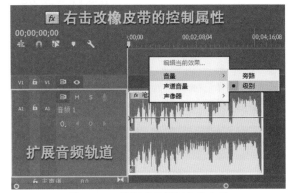

图4-1-25 控制音量级别的橡皮带

**14** 设置渐变音频效果。使用选择工具▶将▣拖到2秒处,设置音量级别为3dB,将序列声音整体增加3dB,将▣拖回0帧处,设置音量级别为-7.84dB,这样就制作了一个音量的渐强效果,如图4-1-26所示。

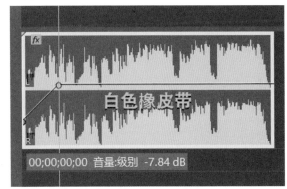

图4-1-26 设置渐强效果

**15** 更改音量关键帧。可以选择钢笔工具为"橡皮带"添加关键帧或调整现有关键帧。注意"橡皮带"关键帧位置越高声音越大,如图4-1-27所示。

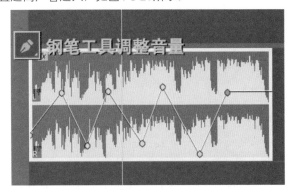

图4-1-27 钢笔工具调整音量大小

在关键帧处右击,可以选择删除关键帧,或者设置缓入、缓出这类关键帧过渡方式,如图4-1-28所示。

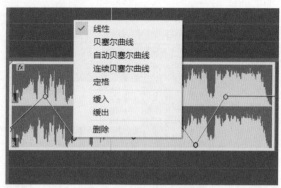

图4-1-28 关键帧相关操作

### 4.1.3 录制画外音

**01** 修改配置。菜单栏选择"编辑">"首选项">"音频",勾选"时间轴录制期间静音输入",如图4-1-29所示。

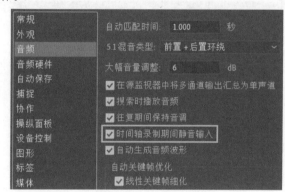

图4-1-29 修改首选项

**02** 录制画外音。选择A1音频轨道将其上下放大,锁定不需要的音频轨道或者单击"独奏轨道"。

最后单击"画外音录制"在倒计时3秒后开始录制音频,如图4-1-30所示。

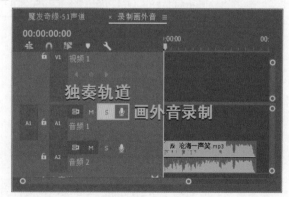

图4-1-30 录制音频

**03** 按空格键结束录制,使用"剃刀工具"删除不需要的部分,如图4-1-31所示。

图4-1-31 正在录制

**04** 调整音频增益。选择录制完成的音频素材右击选择"音频增益",由于需要将音量大小调整到符合国家规范响度,所以选择"标准化最大峰值为0dB",如图4-1-32所示。

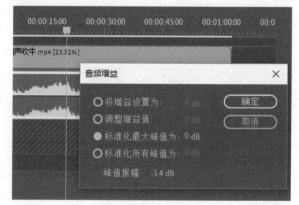

图4-1-32 标准响度

**05** 清除噪音。如果播放音频听到强烈的电流麦所产生的噪音,可在"窗口"菜单勾选基本声音,如图4-1-33所示。

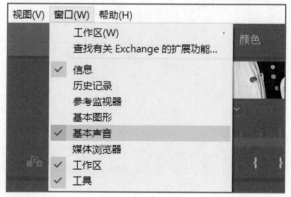

图4-1-33 基本声音

**06** 单击"对话",在修复面板下勾选"减少杂色",调节滑块数值,可以减少背景噪音,如图4-1-34所示。

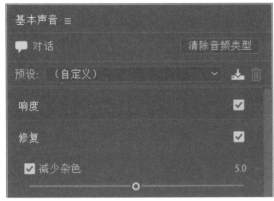

图4-1-34 减少杂色

**07** 降低隆隆声。如果录制的声音还有其他杂音像"低频音"或"爆破音"，可以勾选"降低隆隆声"，通过调节滑块将这些杂音进行清除，如图4-1-35所示。

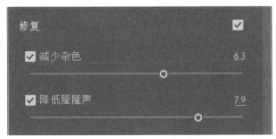

图4-1-35 处理隆隆声

**08** 导出。一个符合国家标准响度并没有杂音的声音制作完成了，按键盘的Ctrl+M导出媒体，输出格式选择MP3，修改输出名称，最后单击导出即可，如图4-1-36所示。

图4-1-36 输出格式为MP3

### 4.1.4 录制网页的声音

当我们在网上听到好听的声音想要进行收集时，可以用Premiere Pro进行录制。

**01** 选择"扬声器"右击"声音"，激活声音选项卡，如图4-1-37所示。

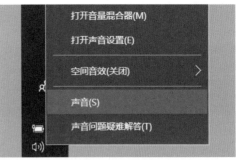

图4-1-37 激活声音选项卡

**02** 找到声音的录制面板，如果没有"立体声混音"，在空白处右击"显示禁用的设备"，如图4-1-38所示。

图4-1-38 显示禁用的设备

**03** 在"立体声混音"右击选择"启用"，将其激活，如图4-1-39所示。

图4-1-39 启用立体声混音

**04** 启动Premiere Pro，进入"首选项">"音频硬件">"默认输入"，改为"立体声混音"，如图4-1-40所示。

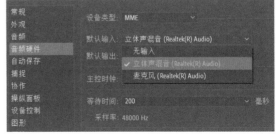

图4-1-40 立体声混音

**05** 锁定不需要的A2、A3轨道，单击"画外音录制"，如图4-1-41所示。

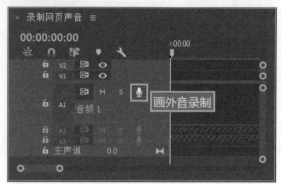

图4-1-41　画外音录制

**06** 切换到已经找好的在线音乐播放网站，单击播放开始录音。这时计算机只会录制内部声音，所以即使你突然咳嗽了一声，也不会被录制进去，如图4-1-42所示。

图4-1-42　录制网页声音

**07** 录制完成，再次单击"画外音录制"，结束录制。最后记得录音完成后，将首选项里的默认输入改回"麦克风"即可。

课后作业：2~3人一组录制一段相声，时间在3分钟之内。要求灯光角度合理、声音洪亮、表情到位、录制的音频没有任何杂音或噪音。

## 4.2　基本声音与常用音频效果器

基本声音面板用于统一音量级别、修复声音、提高清晰度以及添加特殊音频效果，使音频项目达到专业音频工程师混音的效果。

### 4.2.1　修复音频

**01** 创建项目文件夹。在D盘的Premiere Pro文件夹内，创建一个"基本声音"文件夹。将素材文件"相声吹牛"拷贝进去。

接下来使用这个有噪音的"二人相声片段"，讲解"基本声音"面板的常用命令，如图4-2-1所示。

图4-2-1　有噪音的二人相声片段

**02** 在菜单选择"窗口"，勾选"基本声音"，调出基本声音面板。选择音频单击"对话"选项卡，"对话"选项卡通过降低噪声、隆隆声、嗡嗡声和齿音可对声音进行修复，如图4-2-2所示。

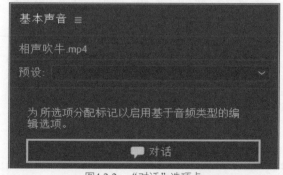

图4-2-2　"对话"选项卡

**03** 统一音频中的响度。首先框选需要调节的音频，展开"响度"并单击"自动匹配"，使整个序列中全部音频的响度级别保持一致，如图4-2-3所示。

"自动匹配"功能会确保音频电平不会违反广播规定，并且将响度统一匹配至-23.00 LUFS。

图4-2-3　将整个序列中音频的响度进行统一

**04** 展开"修复"选项卡，勾选"减少杂色"（用于识别并减少背景噪音），将滑块数值调节到7.2左右，听到背景的噪音被很好地进行了修复，如图4-2-4所示。

图4-2-4　减少杂色

**05** 进入效果控件，看到勾选"减少杂色"实际上是添加了一个"降噪"效果器，如图4-2-5所示。

降低噪音可降低背景中不需要的噪音的电平，例如工作室地板声音、麦克风背景噪声和咔嗒声。

图4-2-5　降低噪音

**06** 单击"编辑"进入降噪的"效果编辑器"，调节"数量"滑块可以决定噪音删除比例，如图4-2-6所示。

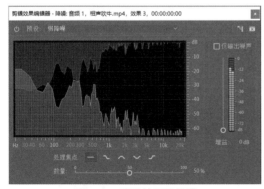

图4-2-6　降噪效果编辑器

**处理焦点**：选择着重处理哪个频率的噪音，默认处理全部频率的噪音 ，可以选择 着重处理较低音频。

**仅输出噪声**：勾选后可以监听到被删除的噪音，调节"数量"滑块决定删除的比例。

**07** 如果音频还有降隆声，勾选"降低隆隆声"，调节滑块数值，可以减少音频中存在的低频音和爆破音，如图4-2-7所示。

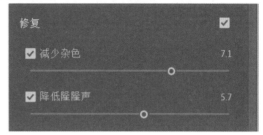

图4-2-7　降低隆隆声

进入效果控件，看到勾选"降低隆隆声"实际上是添加了一个"FFT滤波器"，单击"编辑"可以进入FFT滤波器的图形界面。

**08** FFT滤波器是将80Hz范围的超低频噪音按比例进行删除，数值越大删除比例越多，常用于删除轮盘式电动机或动作摄像机产生的噪音，如图4-2-8所示。

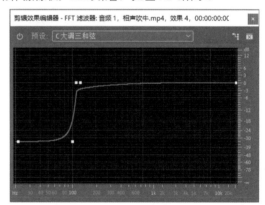

图4-2-8　FFT滤波器图形界面

**09** 消除齿音，减少刺耳的高频嘶嘶声。例如，由麦克风和歌手嘴部之间的呼吸或空气流动产生的嘶嘶声而导致歌手录音过程中出现的齿音，如图4-2-9所示。

图4-2-9　消除齿音

**10** 在消除齿音的图形界面调节"滑块"数值或者载入预设，可以满足绝大部分的工作需求，如图4-2-10所示。

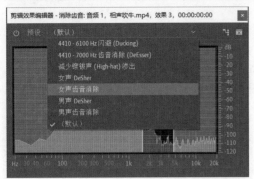

图4-2-10　调节滑块决定消除齿音的范围

提高音频清晰度的常用方法有：压缩或扩展录音的动态范围、调整录音的频率响应以及增强男声和女声。

**01** 展开"透明度"选项卡，勾选"动态"，如图4-2-11所示。动态通过压缩或扩展声音的动态范围更改录音，可以将级别从"自然"更改为"集中"。

图4-2-11　动态处理

**02** 进入效果控件，看到勾选"动态"实际上是添加了一个"动态处理"效果器，如图4-2-12所示，单击"编辑"进入"动态处理"的图形界面。

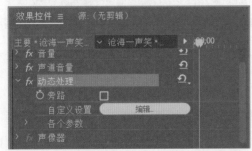

图4-2-12　动态处理

**03** 动态处理。水平标尺代表**输入音量**，垂直标尺表示**输出音量**。

默认图形中，是一条从左下角到右上角的直线，表示输入与输出音量相同。调整图形将更改输入和输出电平之间的关系，从而改变动态范围，如图4-2-13所示。

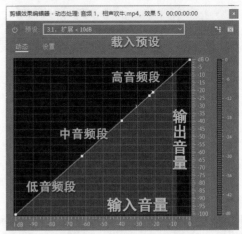

图4-2-13　动态处理图形界面

**04** 首先加载"广播限制器"这个预设，会看到曲线发生变化，高音频段被减弱，如图4-2-14所示。

可以查看电平表和增益降低表。"电平表"显示音频的输入电平，"增益降低表"显示音频信号的压缩或扩展方式。

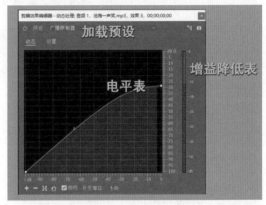

图4-2-14　广播限制器

**05** 设置均衡器。勾选EQ可以调整声音中不同音频的音量，主要作用是可以单独提升或降低特定频段的音量而不影响其他频段，也可以直观地生成EQ曲线，如图4-2-15所示。

EQ的全称是Equalizer，EQ是Equalizer的前两个字母，中文意思是"均衡器"。

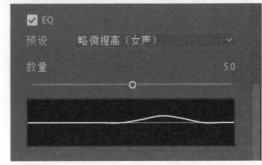

图4-2-15　加载EQ预设

**06** EQ最早是用来提升电话信号在长距离的传输中损失的高频，由此得到一个各频带相对平衡的结果，所以叫它"均衡器"，它让各个频带的声音得到了均衡，如图4-2-16所示。

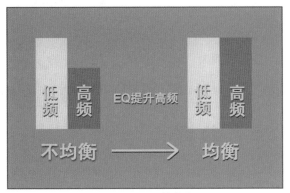

图4-2-16 EQ均衡器

**07** 多媒体音箱上的低音增强就是EQ，它通过增强低音带给用户身临其境般的影院效果，如图4-2-17所示。

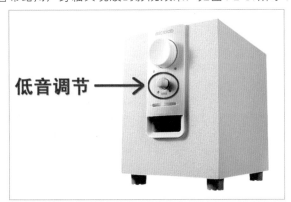

图4-2-17 低音调节

**08** 进入效果控件，看到勾选EQ实际上是添加了一个"图形均衡器（10段）"，该均衡器可增强或减弱选定的频率，可以从 EQ 预设列表中进行选择。我们在汽车里的音乐控制台上经常可以看到它的身影，如图4-2-18所示。

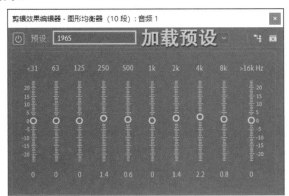

图4-2-18 图形均衡器（10段）

**09** 这种EQ是把频率分成若干个频带，当增加或者减少每个频带时，会改变整个频带的音量，如图4-2-19所示。

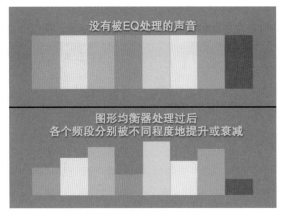

图4-2-19 被EQ处理过的声音

**10** 完美低音预设的调节参数如图4-2-20所示，低音比较醇厚、震撼但不浑浊，高音清澈具有穿透力而不会刺耳。

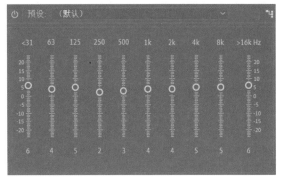

图4-2-20 完美低音预设

**11** 但是图形均衡器有一个缺点，它只能改变固定频带的音量，如图4-2-21所示，它只能调整1000Hz和2000Hz的音量，不能改变1500Hz的音量。

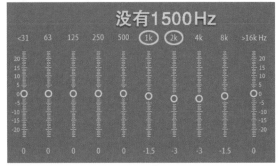

图4-2-21 均衡器缺点

我们可以使用另一个EQ"参数均衡器"代替它，进行更加精准的调节。

**12** 增强语音。选择"男性"或"女性"作为对话的声音，以恰当的频率处理和增强该声音，如图4-2-22所示。

图4-2-22　增强语音

**13** 提高音量。对声音添加各种音频效果之后，可能会对剪辑的音量造成影响。可以勾选"级别"，拖动滑块直接增强或减弱剪辑的音量，如图4-2-23所示。

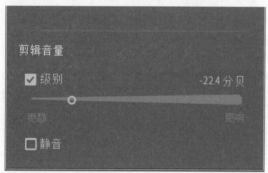

图4-2-23　勾选级别

**14** 强制限幅。勾选"级别"进入效果控件，可以看到实际上是添加了一个"强制限幅"效果。如图4-2-24所示。强制限幅是一种可以提高整体音量同时避免声音扭曲的方法。

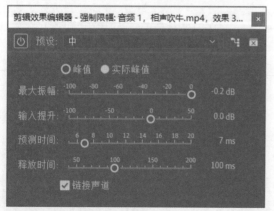

图4-2-24　强制限幅

### 4.2.3　常用音频效果器

　　参数均衡器提供对音调均衡的控制以及对频率、增益和Q值进行单独设置。

**01** 在效果面板搜索"参数均衡器"，将其添加到音频素材上，在效果控件单击"参数均衡器"的"编辑"，进入参数据衡器的图形界面，如图4-2-25所示。

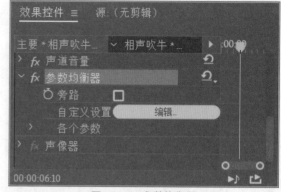

图4-2-25　参数均衡器

**02** 参数均衡器的图形界面底部边缘显示频率，右侧的垂直边缘显示振幅。

　　如果将频带进行细分，低频的范围在0~300Hz，中频的范围在300~2400Hz，高频的范围在2400~20 000Hz，如图4-2-26所示。

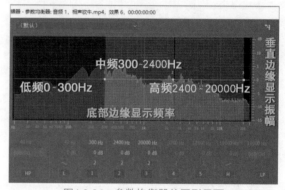

图4-2-26　参数均衡器的图形界面

**03** 参数均衡器可以随意定义频率和增益，在写有Hz及写有dB的地方输入更改的数值即可，如图4-2-27所示。

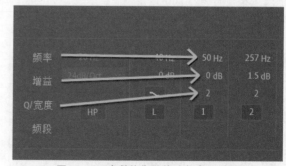

图4-2-27　参数均衡器修改频率和增益

**04** 控制频段。均衡器最多可启用5个中心频率以及高通、低通和限值滤波器，可提供非常精确的均衡曲线控制，如图4-2-28所示。

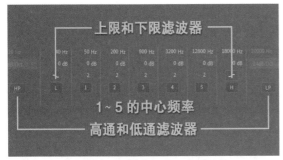

图4-2-28 高通、低通和限值滤波器

**05** 参数均衡器可以改变某个频带的音量，通过设定Q值，决定频带的宽度。以1800Hz为例，将Q值设置为10，看到影响的频带非常窄，如图4-2-29所示。

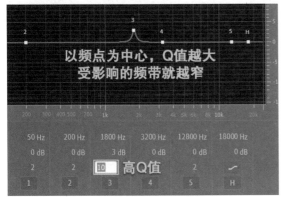

图4-2-29 高Q值

**06** 将Q值设置为0.5，看到影响的频带非常宽，如图4-2-30所示。

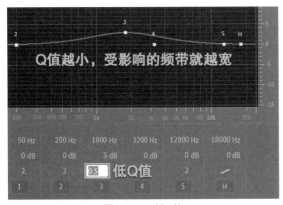

图4-2-30 低Q值

**07** 快速提升低频。首先单击关闭不需要的1~5频段，再将L的频率设置为150Hz，然后将音频增益提升为6dB，在图形界面中看到整个低频被增强了6dB，如图4-2-31所示。

L是下限滤波器的缩写，用于消除低频中低于指定频率的所有频率；H是上限滤波器的缩写，用于消除高频中低于指定频率的所有频率。

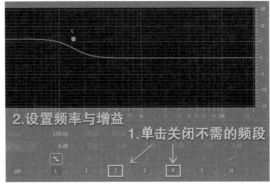

图4-2-31 提升低频

**08** 衰减低频。同理，如果将音频增益更改为-6dB，看到整个低频的音量都被进行了衰减，如图4-2-32所示。

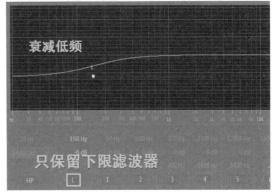

图4-2-32 衰减低频

**09** 衰减高频。关闭除H之外的全部频段，将频率设置为4000Hz，然后将音频增益更改为-6dB，如图4-2-33所示。

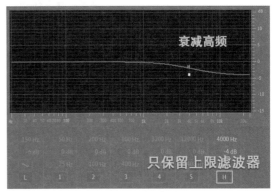

图4-2-33 衰减高频

**10** 主控增益。调整完EQ设置后，如果导致音频过高或者过低，可以使用图形界面左侧的"主控增益"，调整输出音量进行补偿，如图4-2-34所示。

**11** EQ在视频后期中的具体用法有以下几种：

（1）加强人声：1800Hz提升3dB（Q=1）可以增加人声的清晰度；1800Hz提升6dB（Q=0.5）可以加强人声，如图4-2-35所示。

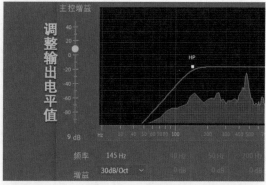

图4-2-34 主控增益

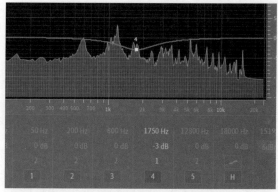

图4-2-37 处理音乐，让人声更容易被听见

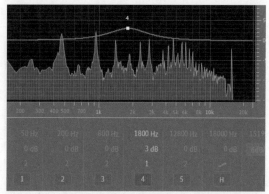

图4-2-35 加强人声

（2）**让音乐更劲爆**：如果没有人声，可以对音乐进行调节：在100Hz提升6dB（Q=3），在3000Hz提升6dB，如图4-2-36所示。

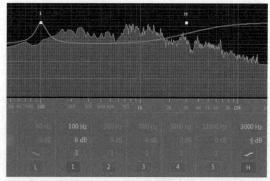

图4-2-36 让音乐更劲爆

（3）**处理音乐，让人声更容易被听见**：人说话的频率范围在1000~24 000Hz之间，在音轨上把1750Hz降低到-3dB（Q=1），这样音乐就不会覆盖人声了，如图4-2-37所示。

（4）**提升温暖度**：切掉90Hz以下的声音，把240Hz提升3dB（Q=7）可以增加温暖的感觉，但注意不要提升太多低频，它们会让大部分的音轨变得含混不清，如图4-2-38所示。

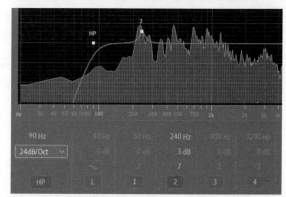

图4-2-38 提升温暖度

（5）**让男性的声音更浑厚**：将160Hz提升2dB（Q=1）。

（6）**去掉低频、高频噪声**：如果人声录音中存在低频噪声，可以尝试高斜率的高通滤波器，截止频点设置在130Hz（男声）或200Hz（女声）左右。如果人声录音中有高频噪声，可以添加一个高斜率的低通滤波器，截止频点设置在8000Hz。

⓬ 多段压缩器可以独立压缩4个不同的频段，由于每个频段通常包括唯一的动态内容，因此多频段压缩器对于母带处理是一项强大的工具。

在效果面板搜索"多频段压缩器"，将其添加到音频上，在效果控件单击"编辑"，进入多频段压缩器的图形界面，如图4-2-39所示。

图4-2-39 多频段压缩器

**13** 多频段压缩器通过使用3条频段分界线将整个频段分为4段，通过拖动分界线，就能改变频段的频率范围。

频率显示器可以显示音频信号的频率范围及对应频率的声压级大小。默认情况下，120Hz之下为低频；120~2000Hz为中频；2000~10 000Hz为高频；大于10 000Hz为旁路即不做处理的频段，如图4-2-40所示。

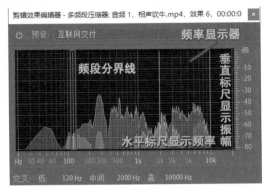

图4-2-40 频率显示器

**14** 多频段压缩器重要参数如下：

（1）**阈值**：音量能够产生的最高值或最低值，调节"阈值滑块"即可调节"阈值"。

（2）**增益**：决定处理后的音频增益或衰减的参数，正数表示增益，负数表示衰减。

（3）**独奏(S)**：单击后进入独奏模式，其他频段会被禁音。

（4）**旁路(B)**：单击后可以让压缩器对当前频段不起作用。

（5）**输入电平表**：可以显示出该频段输入音频信号的电平（当前电平值），通过它可以更方便地调整输入音频的音量大小，从而决定压缩的程度。

（6）**增益电平表**：该表能够显示经过压缩处理后衰减的声压级大小（调整后的电平值），根据该表能够更清楚地了解压缩的程度。

（7）**阈值滑块**：拖动该滑块，可以改变阈值大小。多频段压缩器界面如图4-2-41所示。

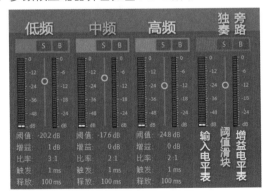

图4-2-41 多频段压缩器

**15** 通过载入预设，即可完成大部分的工作要求。这里推荐"广播"这个预设，它可以使声音音质得到显著提升，如图4-2-42所示。

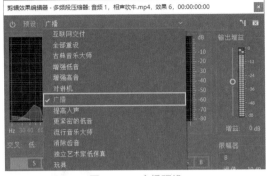

图4-2-42 广播预设

**16** 调节右侧的输出增益轴，可以对输出音频进行总体音量的增益或衰减，如图4-2-43所示。对于初学者来说，加载一个预设然后设置输出增益是一个不错的选择。

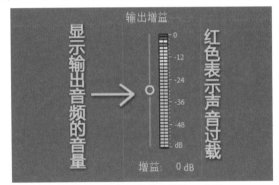

图4-2-43 输出增益轴（单位：分贝）

**17** 最后分享一个让声音更加浑厚好听，减少刺耳感的技巧。在效果面板搜索"低通"添加到声音上，可以减少声音的刺耳感，如图4-2-44所示。

低通就是指低频信号可以通过，高频信号被过滤掉；高通则指高频信号可以通过，低频被过滤掉。但是不同频率的滤除效果不尽相同。

图4-2-44 低通

## 4.3 Audition处理声音

虽然现在使用软件处理杂音、噪音的功能非常强大，但是好的录音器材可以极大提高工作效率。这里推荐一款录音笔ZOOM H1N，基础款售价在760元左右，如图4-3-1所示。

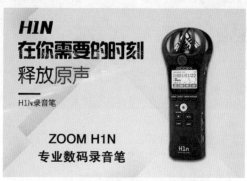

图4-3-1　ZOOM H1N录音笔

### 4.3.1 Audition处理噪音

**01** 新建项目文件夹。在D盘的Premiere Pro文件夹内，创建一个"Audition降噪"文件夹。将素材文件"长城"拷贝进去。

启动Premiere Pro新建项目，命名为"Audition降噪"，把位置指定到刚才创建的"Audition降噪"文件夹，如图4-3-2所示。

图4-3-2　新建项目——Audition降噪

**02** Premiere Pro与Audition进行交互。选择素材右击"在Adobe Audition中编辑"＞"剪辑"，将素材发送到Audition当中，如图4-3-3所示。

知识补充　Adobe Audition CC是由Adobe公司出品的一款专业音频编辑软件，可提供先进的音频混合、编辑、控制和效果处理功能。

在Premiere Pro、Photoshop、After Effects等Adobe公司出品的软件进行交互时，请确保软件版本相同。

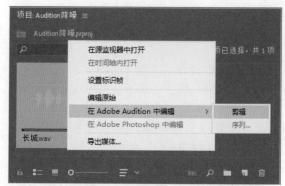

图4-3-3　发送音频到Audition

**03** 捕捉噪音样本。进入Audition中，单击时间选择工具，左键框选一段没有声音的噪音样本，如图4-3-4所示。捕捉噪音样本后，Audition将搜集有关背景噪音的统计信息，以便可以从波形的其余部分中将噪音去除，但是如果选定范围过短，"捕捉噪音样本"将会被禁用。所以录制音频时可以多录制几秒有代表性的背景噪音。

图4-3-4　噪音样本的好坏影响降噪的质量

**04** 在菜单栏选择"效果"＞"降噪/恢复"＞"降噪（处理）"，如图4-3-5所示。

"降噪"可以显著降低背景和宽频噪声，并且尽可能不会影响信号品质。实际降噪量取决于背景噪声类型和剩余信号可接受的品质损失。

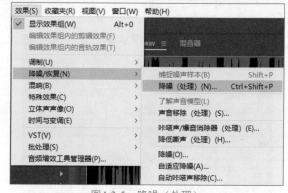

图4-3-5　降噪（处理）

**05** 在弹出的降噪面板中，首先单击"捕捉噪声样本"。

然后单击"选择完整文件"将捕捉的噪声样本应用到整个文件，如图4-3-6所示。

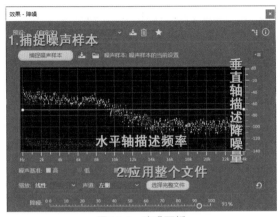

图4-3-6 降噪面板

**06** 在降噪评估图中，黄色C点代表高振幅噪音；绿色D点是阈值，低于该值将进行降噪；红色B点是低振幅噪音，即被清除的声音。

蓝色控制曲线可设置不同频率范围内的降噪量。例如，如果仅需在低频中降噪，请将控制曲线向图形右下方调整，如图4-3-7所示。

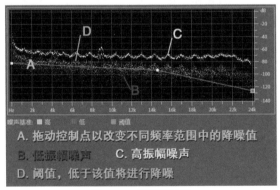

图4-3-7 降噪评估图

**07** 勾选"仅输出噪声"，可以仅聆听要删除的噪音，这样就不会意外删除想要保留的大部分音频，如图4-3-8所示。

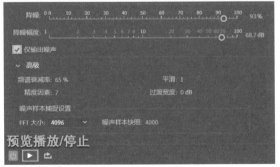

图4-3-8 预览噪音

**降噪：**控制输出信号中的降噪百分比。在预览音频时微调此设置，可以在最小失真的情况下获得最大降噪。

**降噪幅度：**检测噪声的降低幅度，介于6~30dB的效果就非常好。

**08** 如果对降噪结果满意，单击"应用"完成降噪。注意可以多次执行降噪命令，降噪完成后看到音频初始位置的噪音被很好地进行了消除，如图4-3-9所示。

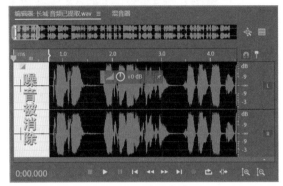

图4-3-9 降噪完成

## 4.3.2 Audition处理声音

**01** 调整语音音量级别。在菜单栏选择"效果">"振幅与压限">"语音音量级别"，如图4-3-10所示。

可以使用"语音音量级别"自动将整段语音的音量大小调整到一致，不会出现声音忽高忽低的情况。

| 效果(S) | 收藏夹(R) | 视图(V) | 窗口(W) | 帮助(H) | | |
|---|---|---|---|---|---|---|
| ✓ 显示效果组(W) | | | Alt+0 | | | |
| 振幅与压限(A) | | | | > | 增幅(A)... | |
| 延迟与回声(L) | | | | > | 声道混合器(C)... | |
| 诊断(D) | | | | > | 增益包络（处理）(G)... | |
| 滤波与均衡(Q) | | | | > | 强制限幅(H)... | |
| 调制(U) | | | | > | 多频段压缩器(M)... | |
| 降噪/恢复(N) | | | | > | 标准化（处理）(S)... | |
| 混响(B) | | | | > | 单频段压缩器(S)... | |
| 特殊效果(C) | | | | > | 语音音量级别(P)... | |
| 立体声像(O) | | | | > | 电子管建模压缩器(T)... | |
| 时间与变调(E) | | | | > | | |

图4-3-10 语音音量级别

**02** 在语音音量级别面板中，如果没有经验，就在预设选择"柔和"，如图4-3-11所示。

如果音量不够大，可以增大目标音量级别；如果噪声过大，减少电平值即可。调节完成后单击"应用"将效果加载到音频之上。

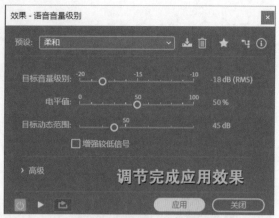

图4-3-11　语音音量级别

**03** 在效果组单击"应用"，将"语音音量级别"加载到整个文件当中，完成后看到音量大小基本保持一致，如图4-3-12所示。

图4-3-12　应用效果到整个音频文件

**04** 音频标准化处理。在菜单栏选择"收藏夹">"标准化为-0.1dB"，将音量大小调整到国家标准，如图4-3-13所示。

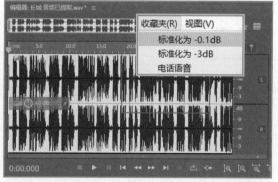

图4-3-13　音频标准化处理

**05** 如果还有其他的音频问题，可以在Audition中启用"基本声音"面板进行处理，如图4-3-14所示。

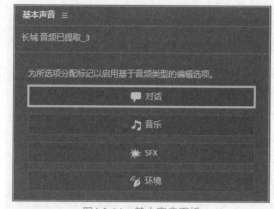

图4-3-14　基本声音面板

**06** 调节完成，在Audition的菜单栏中选择"文件">"保存"，将项目文件进行保存。

回到Premiere Pro，看到项目面板自动生成了一个"长城 音频已提取"的新WAV文件，如图4-3-15所示。

图4-3-15　音频已提取

**第5章 文字**

## 5.1 文字

文字是影视后期中不可缺少的表达元素。它能提高信息传播的效率和信息表达的准确性，降低视听误差，同时对某些视觉画面起到强调作用。

**01** 文字自身带有**易读性**、**强调性**与**艺术性**三项原则，《我在故宫修文物》的海报所使用的文字，独具匠心、贴合主题，使人一目了然，如图5-1-1所示。

图5-1-1　《我在故宫修文物》的海报文字

**02** 央视出品的《如果国宝会说话》的四组海报，通过文字传递的时代感扑面而来，反衬出节目的核心价值理念，值得我们大家反思与学习，如图5-1-2、图5-1-3所示。

图5-1-2　《如果国宝会说话》海报（一）

图5-1-3　《如果国宝会说话》海报（二）

## 5.1.1 文字基础

在学习使用Premiere Pro 文字之前，让我们先学习一些关于文字的必要知识。

**01** 版权意识。以Windows默认自带的字体"微软雅黑"为例，这个字体版权属于"北大方正集团"。

在非商业用途中，无须授权可直接使用字体，不构成侵权；但是如果用于商业用途，这个字体必须在版权方授权的范围内使用，否则构成侵权，如图5-1-4所示。

图5-1-4　方正字库主页

**02** 字体下载网站。如果不用于商业用途，"字魂网"有很多优秀的字体可以下载学习使用，如图5-1-5所示。

图5-1-5　字魂网主页

**03** 字体样式。字体要根据影视片的题材、内容、风格样式来确定，总结如下：

（1）**儿童片**：多用**美术字**，会给人一种活泼、快乐、可爱的艺术效果，体现出祖国花朵的天真烂漫，更能被儿童观众所喜爱与接受。

（2）**正剧片**、**悲剧片**、**史诗片**、**传记片**、**古装片**等：多用**隶书**、**魏碑**、**仿宋**，可以使影片显得庄重、严肃，并具有一定的分量，如图5-1-6所示。

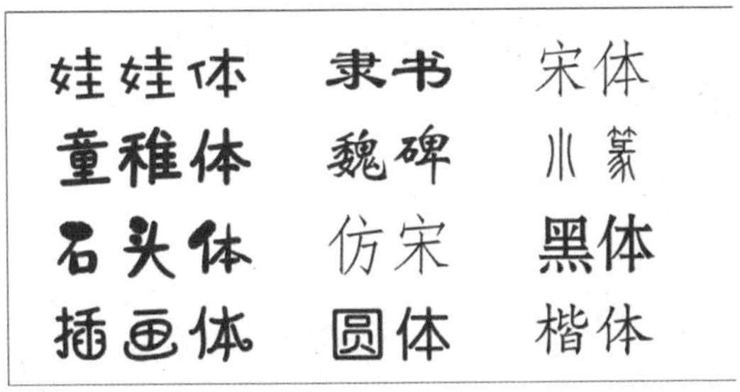

图5-1-6 儿童片与正剧片常用字体样式

（3）暴力片与惊险片：多用不规则、变格式的美术字。粗犷的线条给观众带来恐怖、惊险、紧张和热烈的气氛。

（4）恐怖片：多用计算机技术创作的变形字，字体在恐怖的气氛中扭曲隐现，营造了恐怖和紧张的感觉，如图5-1-7所示。

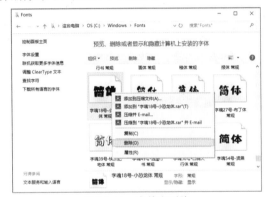

图5-1-7 常用字体样式

（5）歌舞片，戏剧片：多用行书、楷书。这些字体的流线与歌舞片的舞姿一样潇洒灵动，与戏曲片的韵律一样流畅明快，给人以肃穆之感。

**04** 制作短片或Vlog时，我们可以选择一些符合影片主题的有趣字体，如图5-1-8、图5-1-9所示。

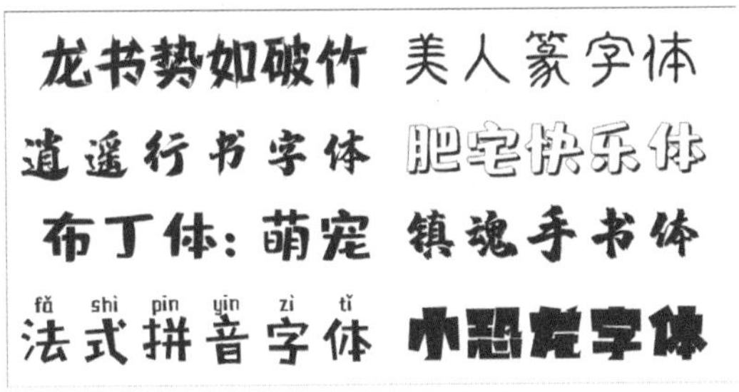

图5-1-8 作者推荐字体样式（一）

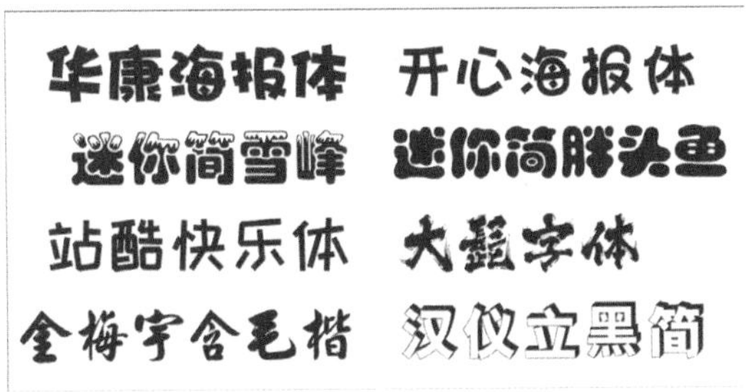

华康海报体　开心海报体
迷你简雪峰　迷你简胖头鱼
站酷快乐体　大篆字体
金梅字含毛楷　汉仪立黑简

图5-1-9 作者推荐字体样式（二）

**05** 字体库安装。获得字体后，首先关闭Premiere Pro，

双击字体后单击"安装"，将字体加载进Windows当中，如图5-1-10所示。

图5-1-10 字体库安装

**06** 删除字体。字体库安装太多，也会给系统造成额外的负担。如果要删除某个字体，选择C：\Windows\Fonts，找到Windows字体库文件夹，选择文字右击将不需要的字体删除即可，如图5-1-11所示。

图5-1-11 字体库删除

## 5.1.2 文字在影视中的应用实例

**01** 文字在片头中的应用。央视出品的文物修复纪录片《我在故宫修文物》所使用的片头文字，将多种字体进行组合，非常值得读者进行借鉴，如图5-1-12所示。

图5-1-12 纪录片《我在故宫修文物》

电视剧《三生三世十里桃花》中所使用的片头文字如图5-1-13所示。

图5-1-13　电视剧《三生三世十里桃花》

　　探索中国非物质文化遗产的纪录片《指尖上的中国》所采用的片头文字，如图5-1-14所示。

图5-1-14　纪录片《指尖上的中国》

**02** 文字在字幕中的应用。很多电影在上下边缘添加了遮幅，并辅助使用外挂字幕。以迪士尼出品的《美女与野兽》为例，它采用的外挂字幕为双语模式，中文为方正黑体简体，字体大小在Photoshop中为40，英文为方正综艺简体，字体大小为30，如图5-1-15所示。

图5-1-15　电影常用字体样式

　　我们再看一下漫威公司出品的《复仇者联盟4》。以漫威官方所放出720p的收藏版为例，也是中英文相结合的方式，可以说这种设置为目前电影的主流设置，如图5-1-16所示。

图5-1-16　电影《复仇者联盟4》

　　没有遮幅边缘的字幕应该如何处理？我们以英国BBC广播公司拍摄的《我们的星球》为例，因为没有黑底，所以在白字的基础上添加了黑色的描边，如图5-1-17所示。

图5-1-17　纪录片《我们的星球》

　　纪录片《行星地球2》也采用了相同的的字体设置，如图5-1-18所示。

图5-1-18　纪录片《行星地球2》

　　还有一种字幕样式。我们以美剧《权力的游戏》为例，它的英文字体还添加了RGB值为239、164、53的黄色，这也是一种非常好看的效果，如图5-1-19所示。

**03** 文字在综艺方面的应用。如果是制作综艺娱乐节目的字体，可以选择很轻松可爱的字体样式。综艺节目《奔跑吧兄弟》中所使用的字体如图5-1-20所示。

图5-1-19　黄色英文字幕

图5-1-20　综艺节目《奔跑吧兄弟》

综艺节目《这就是街舞》第二季所采用的字体，如图5-1-21所示。

图5-1-21　综艺节目《这就是街舞》

**04** 文字在片尾中的应用。电影《复仇者联盟4》的片尾介绍参与影片制作的演员与剧组人员时，使用的是标准向上滚动的纯文字字幕，如图5-1-22所示。

也可以结合三维软件制作出科技感十足的电影片尾，如电影《流浪地球》所使用的片尾，如图5-1-23所示。

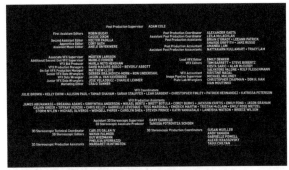

图5-1-22　电影《复仇者联盟4》

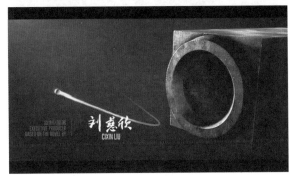

图5-1-23　电影《流浪地球》

还可以使用和影片相关的元素结合文字，制作风格统一、活泼有趣的片尾，如电影《寻梦环游记》所使用的片尾，如图5-1-24所示。

图5-1-24　电影《寻梦环游记》

电影《怪兽工场》所使用的片尾字幕如图5-1-25所示。

图5-1-25　电影《怪兽工场》

此外，可以在影片结尾时播放拍摄花絮，使观众更深入地了解影片拍摄过程，国产电影《战狼2》就是一个案例，如图5-1-26所示。

图5-1-26　电影《战狼2》拍摄花絮

如果是以真实案例改编的电影，可以在电影结束时，以文字与图片相结合的方式讲述事件的来源，起到警示作用，同时引发社会强烈关注。

也可以讲述事件的最新进展，如电影《我不是药神》的片尾，讲述了国家对很多进口抗癌药实施了零关税的政策，并且将多种天价药物纳入医保当中，如图5-1-27所示。

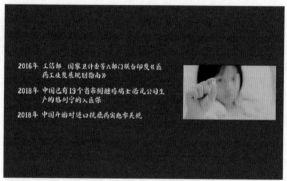

图5-1-27　电影《我不是药神》

# 5.2 创建字幕

本节学习Premiere Pro中关于创建字幕与图形的"基本图形"面板与"旧版标题"面板的相关知识与案例。

## 5.2.1 基本图形面板

**01** Premiere Pro在2018版本中，将之前的文字工具进行淘汰，并改名为"旧版标题"加以区分。然后将"钢笔工具"与"文字工具"进行整合，推出了新的"基本图形"面板用于管理字幕与图形。

在菜单栏选择"窗口">"基本图形"，可以调出"基本图形"面板，如图5-2-1所示。或者在屏幕顶部的"工作区"中单击"图形"，进入"图形工作区"。

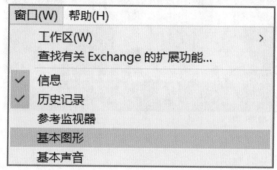

图5-2-1　加载基本图形面板

**02** "基本图形"面板分为"浏览"与"编辑"两个功能，如图5-2-2所示。

浏览：预览或载入"动态图形模板"（.mogrt文件），这些模板内置了现成的文本和图形模板。

编辑：调整已创建的文本、形状和动态图形模板的各项参数。

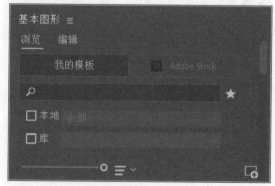

图5-2-2　基本图形面板

**03** 新建项目"基本图形"，导入素材"城市延时摄影"，并使用素材创建序列。

创建字幕。在工具面板选择"文字工具"，在节目监视面板中单击创建字幕，如图5-2-3所示。

图5-2-3　文字工具第一次单击决定文本的位置

**04** 输入标题。输入主标题"延时摄影",再次单击"文字工具"输入副标题"--2019.7.14",如图5-2-4所示。

图5-2-4　输入文本时,看到文本框会相应地自动扩展

**05** 图形"延时摄影"在序列上的默认持续时间为5秒,如图5-2-5所示。

图5-2-5　图形默认持续时间为5秒

知识补充 "文字工具"与"钢笔工具"创建的字幕与图形都不会在项目面板显示,只存在于时间轴的序列上。

**06** 添加段落文字。将播放指示器拖到6秒处,单击"文字工具"在节目监视器面板拖动创建"文本框"用于输入多排文本。文本框中的文本到达段落文字框边缘时会自动换行,如图5-2-6所示。

知识补充 对于单排文字直接单击"文字工具"创建即可。对于多排文字推荐使用"文本框"设定一个边界

框,这样文本就会被控制在边界框的边界之内。

图5-2-6　文本框

**07** 调整文本框。使用选择工具 单击字幕,会出现蓝色的"文本框",如图5-2-7所示。

调整文本框的边界时,字符大小不会发生变化,而是调整字符在文本框中的位置。如果文本框边界太小,多余的文字会滚落到文本框底部边缘之下。

图5-2-7　选择工具调节文本框的边界

**08** 处理文本框丢失/不显示。如果使用选择工具单击已创建的文本却不显示"文本框",可在节目监视器面板单击"设置",在弹出的对话框中检查"显示传送控件"是否勾选,如图5-2-8所示。

这可能是一个软件漏洞,有时需要勾选"显示传送控件",有时需要取消勾选"显示传送控件"。但如果取消勾选"显示传送控件"会带来一个新的问题,节目监视器面板最下方的那一排播放控制按钮会被隐蔽。

图5-2-8　显示传送控件

**09** 如果需要修改文本的字体、颜色、位置、外观等参

数，我们需要进入"基本图形"的编辑面板。

单击编辑面板，看到面板内出现了两个文本图层"延时摄影"与"--2019.7.14"，与Adobe公司的Photoshop一样，上方图层会覆盖下方图层。我们还看到熟悉的眼睛图标 ，可以用它来打开或者关闭图层，如图5-2-9所示。

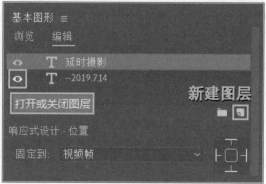

图5-2-9　编辑面板

🔟 单击"延时摄影"图层。单击"垂直/水平居中"图标，可以使文本快速对齐到画面中心。

调节"水平/垂直位置"的数值，可以精准地控制文本在画面所处的位置，如图5-2-10所示。

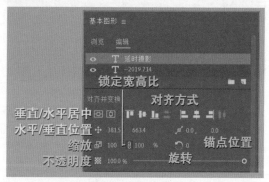

图5-2-10　对齐

⓫ 在文本组中，可以修改文本的"字体""字体大小"及"字体间距"，如图5-2-11所示。

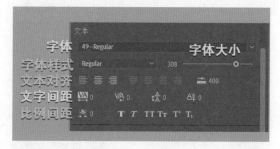

图5-2-11　字体样式

⓬ 风格化文字。勾选填充，将填充颜色RGB值调节为243、221、16。勾选阴影，参数调节如图5-2-12所示。完成效果如图5-2-13所示。

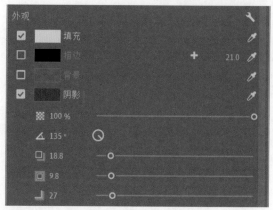

图5-2-12　提升字体的可读性

图5-2-13　完成效果

基本图形的文字外观只能填充单纯的颜色，并不能制作复杂多变的文字样式。在填充颜色选择方面，要做到颜色醒目突出、使观看者能快速理解要表达的主题，且印象深刻。

⓭ 选择"--2019.7.14"图层，将填充颜色设置为白色，勾选描边，将描边颜色的RGB值设置为6、44、116，描边宽度为30。如果一个描边效果不明显，可以单击 添加新的描边。

创建多个描边后，将外层描边颜色的RGB值设置为30、188、238，描边宽度为36，如图5-2-14所示。完成效果如图5-2-15所示。

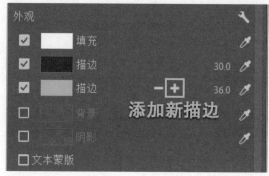

图5-2-14　添加描边

图5-2-15　完成效果

**14** 保存自定义样式。如果对于样式的效果非常满意，可以单击"创建主文本样式"，将字体、颜色和大小等文本属性定义为预设。

选择"--2019.7.14"图层，单击"创建主文本样式"设置保存名称为"文本样式01"，如图5-2-16所示。

图5-2-16　创建文本样式

**15** 借助此功能，可以将已保存的文本样式快速应用到时间轴上的其他文本图层。

选择"文本框"加载"文本样式 01"，或者在项目面板找到已保存的"文本样式 01"，将其拖到时间轴上的"文本框"之上即可，如图5-2-17所示。调节完成效果如图5-2-18所示。

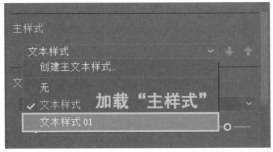

图5-2-17　选择文本框加载文本样式

**16** 创建形状图层。单击"钢笔工具"按住不放，选择矩形工具，如图5-2-19所示。

图5-2-18　文本框已正确加载"--2019.7.14"的文本样式

图5-2-19　使用矩形工具创建形状图层

**17** 绘制一个矩形，如图5-2-20所示。

图5-2-20　使用移动工具调节形状图层

**知识补充** 选择矩形工具，按住Shift键可以绘制出标准的正方形；同理选择椭圆工具，按住Shift键可以绘制出标准的正圆。

**18** 在编辑面板拖动调节"形状02"图层的位置，使其处于"延时摄影"图层之下，如图5-2-21所示。

**19** 调节填充颜色的RGB值为227、91、33。勾选描边，将描边颜色的RGB值调节为65、220、76，描边宽度调节为44，如图5-2-22所示。完成效果如图5-2-23所示。

图5-2-21　更改图层位置

图5-2-22　设置形状图层外观

图5-2-23　形状图层完成效果

**20** 删除形状图层。如果对设计的形状图层不满意，在形状图层右击可以对图层进行删除，再次绘制新的形状，如图5-2-24所示。

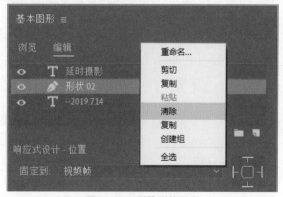

图5-2-24　删除形状图层

**21** 制作图层动画。可以使用关键帧为文本图层、形状图

层和路径制作动画。可以直接在"基本图形"面板添加动画（与"效果控件"面板配合使用）。

首先在时间轴上，将轨道2"延时摄影"的持续时间设置为4秒，如图5-2-25所示。

图5-2-25　调整形状图层持续时间

**22** 选择文本"延时摄影"，将"播放指示器"拖到0帧处，将不透明度值调节为0%，单击■可以创建一个不透明度关键帧，如图5-2-26所示。

图5-2-26　设置关键帧

**23** 将"播放指示器"拖到1秒处，设置"不透明度"的数值为100%，一个简单的不透明度动画已制作完成。

我们可以进入"效果控件"看到关键帧已被创建，如图5-2-27所示。下一节我们讲解下如何将这个带动画效果的"图形剪辑"作为模板进行保存。

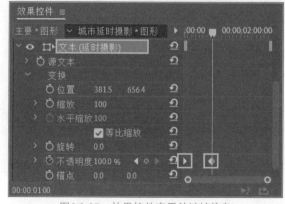

图5-2-27　效果控件查看关键帧信息

## 5.2.2　动态图形模板

基本图形面板的字幕模板预设牵扯的知识有很多，从创建动态图形模板，到外置动态图形模板的导入，以及遇到模板出错如何才能进行修改等。

**01** 将图形导出动态图形模板。设置动画完成后，可以将图形剪辑（包括所有图层和动画）导出为动态模板，以供后期再次使用或者分享给他人。

在菜单栏选择"图形">"导出为动态图形模板"，在弹出的对话框中，设置保存名称，保存目标为"本地模板文件夹"，如图5-2-28、图5-2-29所示。

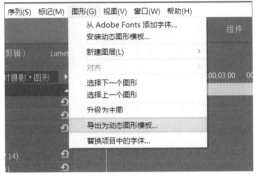

图5-2-28　导出为动态图形模板

图5-2-29　修改动态图形模板名称

**02** 当需要使用这个动态图形模板时，选择浏览面板，使用"搜索工具"查找已保存的动态图形模板，如图5-2-30所示。

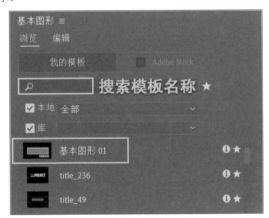

图5-2-30　载入动态图形模板

**03** 外置动态图形模板。以网上下载的"252组Premiere文字标题字幕动画预设"为例。首先关闭Premiere Pro，复制mega_titles文件夹到如下位置：C:\Users\Administrator\AppData\Roaming\Adobe\Common\Motion Graphics Templates。

注意Administrator为计算机名称，需要将其更换为你自己计算机的相应名称，如图5-2-31所示。

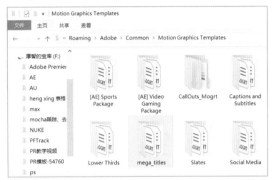

图5-2-31　复制预设到Motion Graphics Templates文件夹

**04** 中英文版本切换。目前网上下载的"动态图形模板"，基本都是国外制作的，它的缺点是有一些预设不支持中文版本的Premiere Pro，所以我们要将Premiere Pro临时切换成英文版本（如何进行软件版本切换，请参阅本书1.2.1节）。

切换后重新打开Premiere Pro，看到外置预设已经正确加载，如图5-2-32所示。

图5-2-32　预设加载正确

**05** 选择好预设后，将其拖到时间轴上即可，如图5-2-33所示。

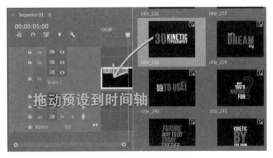

图5-2-33　拖到时间轴

**06** 进入"效果控件"可以修改预设的颜色、文字内容、文字大小，切换英文版本之后现在已经支持中文字幕了，如图5-2-34所示。

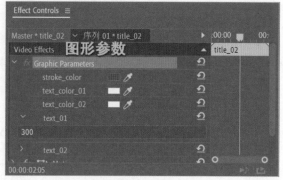

图5-2-34　图形参数

**07** 在效果控件中并没有看到修改"字体"的选项，目前版本的Premiere Pro并不能直接修改。我们改变字体的方法是将.mogrt文件使用After Effects打开再更改字体，最后导出为Premiere Pro所识别的动态图形模板。

### 5.2.3　安全边距与创建Photoshop图形/字幕

**01** 注意安全边距。设置字幕时一定要注意不要将文字放置到"字幕安全区"之外，如图5-2-35所示。

因为在电视上播放时，外框的所有内容可能会被切除，并且将字幕放置到"字幕安全框"之内，可以使观众更容易读取文字信息。

图5-2-35　安全边距

**02** 激活安全边距。在节目监视器面板单击"设置"，在弹出的对话框中勾选"安全边距"，如图5-2-36所示。

**03** 设置安全区域大小。在菜单栏选择"文件">"项目设置">"常规"，在弹出的"项目设置"中看到默认动作的安全区域为10%，默认字幕的安全区域为20%，如图5-2-37所示。

图5-2-36　激活安全边距

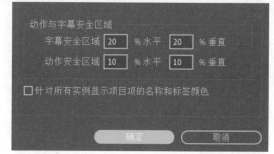

图5-2-37　字幕与动作安全区域

**04** 有时候你找到了心仪的字体样式，但是却发现"基本图形"面板并不支持这个字体，你根本无法在Premiere Pro的字体库中找到这个字体，如图5-2-38所示。

这里推荐使用Photoshop制作，完成后保存为PSD格式，然后重新导入Premiere Pro中即可。

图5-2-38　错误的字体

**05** 新建Adobe Photoshop图形或字幕。在菜单栏选择"文件">"新建">"Photoshop文件"，如图5-2-39所示。

图5-2-39　新建Photoshop文件

**06** 弹出的"新建Photoshop文件"对话框是以当前序列的设置大小为基础，默认单击确定即可，如图5-2-40所示。

图5-2-40 新建Photoshop文件

**07** Photoshop以参考线的形式自动显示"动作安全区"与"字幕安全区"，这些参考线不会出现在最终的图像当中，如图5-2-41所示。

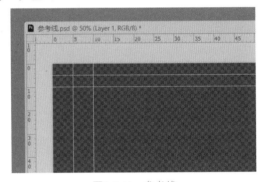

图5-2-41 参考线

按T键选择"文本工具"创建字幕，在菜单栏选择"图层">"图层样式"，根据自己的喜好为文本添加"纹理"与"投影"。

**08** 完成操作后，在Photoshop保存并关闭字幕，字幕会出现在Premiere Pro的项目面板当中。

如果需要在Photoshop中重新编辑字幕，可以在项目面板或者时间线中选择字幕，然后选择"编辑">"在Adobe Photoshop中编辑"。编辑完成在Photoshop重新保存之后，字幕将自动在Premiere Pro中进行更新，如图5-2-42所示。

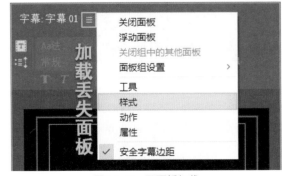

图5-2-42 与Photoshop进行交互

### 5.2.4 旧版标题

旧版标题是以前版本默认的文字工具。Adobe官方为了推行新出的"基本图形"面板，将旧版标题更换了打开位置。为了照顾老用户需求，并没有删除"旧版标题"，但是在Adobe Premiere Pro的官方帮助上已经找不到任何关于"旧版标题"的帮助信息了。

**01** 在Premiere Pro中的菜单栏选择"文件">"新建">"旧版标题"，进入字幕面板，如图5-2-43所示。

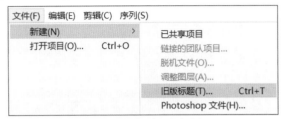

图5-2-43 新建旧版标题

**02** 打开字幕面板。字幕面板的优点在于内置好用的"旧版标题样式"，字幕面板的缺点是不支持很多中文字体，如图5-2-44所示。

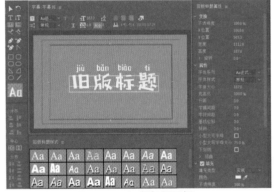

图5-2-44 旧版标题面板

**03** 旧版标题面板由4个子面板组成，分别是工具、样式、动作与属性面板。如果某个子面板丢失，可以单击字幕面板的 ≡ 处，勾选加载丢失的面板，如图5-2-45所示。

图5-2-45 子面板加载

**04** 单击文字工具创建字幕，如图5-2-46所示。

图5-2-46　创建字幕

**05** 除了传统的区域文字工具之外，旧版标题面板可以使用"路径文字工具"，如图5-2-47所示。

图5-2-47　路径文字工具

**06** 加载旧版标题样式。创建字幕之后，可以给文字加载一个标题样式，如图5-2-48所示。

图5-2-48　旧版标题样式

**07** 加载标题样式之后，看到一些文字出现错误，这是Premiere Pro的老毛病，不支持很多中文字体。遇到这个问题只能修改字体或者在Photoshop中制作，如图5-2-49所示。

图5-2-49　字体不支持

**08** 设置旧版标题属性。选择样式之后，进入旧版标题属性，可以设置填充类型等参数，如图5-2-50所示。

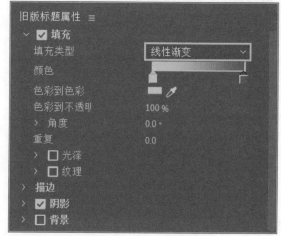

图5-2-50　旧版标题属性

**09** 关闭并保存字幕。制作完成后单击右上角的×即可将字幕文件保存到项目面板，如图5-2-51所示。

　　旧版标题生成的字幕文件，会出现在项目面板当中，所以需要对字幕进行单独命名并进行整理。

图5-2-51　关闭并保存字幕

**10** 基于当前字幕新建字幕。当我们制作好一个字幕样式后，可以单击■，使用当前的字幕模板新建字幕。在新建的字幕中只需要修改文字内容即可，如图5-2-52所示。

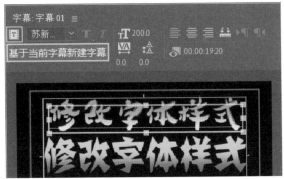

图5-2-52 基于当前字幕新建字幕会继承之前字幕的样式与位置

**11** 显示背景视频。当我们不需要背景视频时，可以单击"显示背景视频"图标，将背景视频进行关闭，如图5-2-53所示。

图5-2-53 显示背景视频

### 5.2.5 创建滚动字幕

这个案例讲解如何为影片结尾字幕创建滚动效果。

**01** 加入幕后花絮。按Alt键拖动"城市延时摄影"将其复制一份，选择傍晚的一段作为幕后花絮素材，如图5-2-54所示。

图5-2-54 花絮素材

**02** 在效果面板搜索"边角定位"，将其添加到傍晚这段素材上，通过数值调节边角定位的控制点，如图5-2-55所示。完成效果如图5-2-56所示。

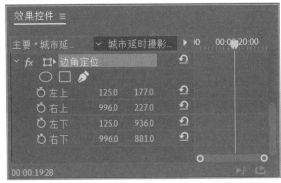

图5-2-55 边角定位参数

图5-2-56 完成效果

**03** 使用"文本工具"框选一个文本框，输入文字，作为影片演员表。每输入一行后按Enter键再输入下一行。

也可以在文档中将文字准备好，然后将文字复制粘贴到Premiere Pro中，如图5-2-57所示。

图5-2-57 影片演员表

**04** 取消选中文本图层，使用选择工具单击节目监视器的背景，这样在基本图形面板中，才会显示"创建滚动字幕的选项"。找到"响应式设计-时间"，勾选"滚动"，如图5-2-58所示。

图5-2-58　滚动字幕

**05** 时间线上滚动字幕的长度决定了字幕的播放速度。较短字幕的滚动速度要快于较长字幕。

可以调节"预卷"时间来决定一个字幕延后多少帧显示，或者将字幕的开始时间延长到18秒8帧，如图5-2-59所示。

图5-2-59　调节字幕初始位置

### 5.2.6　人物介绍字幕

**01** 在"基本图形"文件夹内新建项目"人物采访"。这个素材是黑色背景的采访镜头，我们要使用这个案例学习另一种方法加载"动态图形模板"，并修改加载的字幕条，如图5-2-60所示。

图5-2-60　人物采访

**02** 安装字体。这个预设所使用的字体为"布丁体"，我

们需要将字体提前安装到字体库当中，如图5-2-61所示。

图5-2-61　安装字体

**03** 选择基本图形面板，单击"安装动态图形模板"图标，如图5-2-62所示。

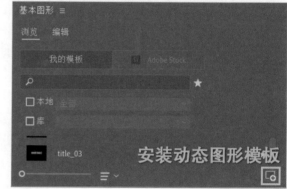

图5-2-62　载入预设

**04** 在工程目录里找到"预设"文件夹，逐一将字幕条文件进行加载，如图5-2-63所示。

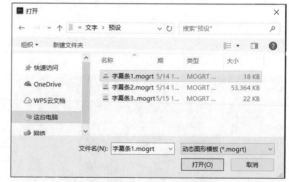

图5-2-63　逐一加载预设

**05** 在搜索栏查找"字幕条"，然后将"字幕条1"拖到V2轨道上，如图5-2-64、图5-2-65所示。

**06** 进入"效果控件"的"图形参数"面板，展开"源文本1"修改主标题，如调节文本名称、文本大小、位置与填充颜色。

展开"源文本2"修改副标题为"服装专业带头人"，调节参数如图5-2-66所示。

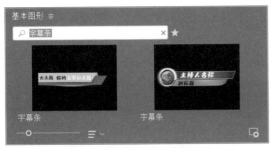

图5-2-64 搜索新添加的预设

图5-2-65 加载预设完成效果

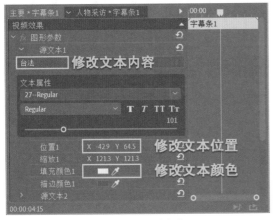

图5-2-66 图形参数

**07** 在"运动"组下,修改这个字幕条的整体大小与位置,调节参数如图5-2-67所示。

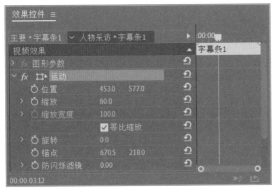

图5-2-67 调整字幕条的属性

**08** 字幕动画完成效果如图5-2-68、图5-2-69所示。

图5-2-68 加载预设完成效果(一)

图5-2-69 加载预设完成效果(二)

**09** 加载"字幕条2",效果如图5-2-70所示。

图5-2-70 加载"字幕条2"效果

**知识补充** 基本图形面板的"动态图形模板"实质像一个容器,用来将合成软件After Effects中制作的项目封装为.mogrt文件后导入Premiere Pro中,所以遇到问题时,还是要回到After Effects中去修改。

# 5.3 文字案例

## 5.3.1 镂空文字效果

**01** 创建项目文件夹。在D盘的Premiere Pro文件夹内，创建一个"文字案例"文件夹，将素材文件Monkey复制进去。

启动Premiere Pro新建项目，命名为"镂空文字效果"，位置指定到刚才创建的"文字案例"文件夹，如图5-3-1所示。

图5-3-1　新建项目

**02** 将素材拖到新建项上创建序列。播放剪辑看到是一个关于猴子的小短片，如图5-3-2所示。

图5-3-2　预览素材

**03** 创建文字。在工具面板选择文字工具，在节目监视器窗口单击创建文字，输入Monkey，如图5-3-3所示。

图5-3-3　添加文字

**04** 调整文字属性。单击文字进入效果控件或者在基本图形面板中调节文字属性。将字体大小修改为380，设置字体样式为Impact这种略粗的样式，单击垂直/水平居中对齐，如图5-3-4所示。完成效果如图5-3-5所示。

图5-3-4　调整文字属性

图5-3-5　完成效果

**05** 单击新建图层，创建新文本，输入"2019-2-16"，字体大小修改为100，调整文字位置，如图5-3-6所示。

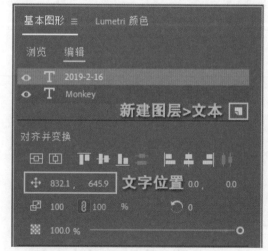

图5-3-6　添加新文本

**06** 再次单击新建图层，创建矩形。设置矩形的填充颜色为纯黑，如图5-3-7所示。

图5-3-7 创建矩形

**07** 调节矩形参数。断开缩放锁定，将数值调节为380、435，将位置调节为-12.5、-20.0，最后将矩形图层拖到最底层，如图5-3-8所示。完成效果如图5-3-9所示。

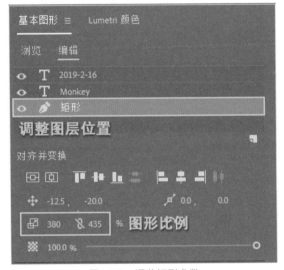

图5-3-8 调节矩形参数

图5-3-9 文字完成效果

**08** 在效果控件中将文本的图层混合模式调节为"变暗"，调整持续时间与轨道1的素材保持一致，如图5-3-10所示。完成效果如图5-3-11所示。

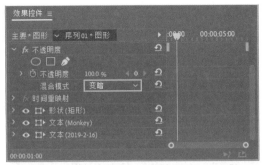

图5-3-10 更改混合模式

图5-3-11 完成效果

**09** 设置文字动画。将 ▮ 拖动到4秒20帧处，单击Monkey文件的"源文本"前的 ⏱，创建一个关键帧，如图5-3-12所示。

图5-3-12 文字动画

**10** 单击文字工具，将 ▮ 向前拖动20帧到4秒处，节目监视器面板删除字母y；将 ▮ 继续向前拖动20帧到3秒5帧处，节目监视器面板删除字母e，以此类推关键帧位置，如图5-3-13所示。

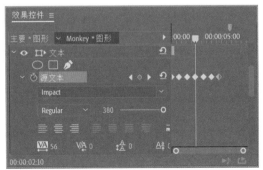

图5-3-13 关键帧位置

⓫ Monkey文字动画制作完成，如图5-3-14所示。

图5-3-14　动画完成效果

⓬ 设置副标题动画。选择"文本（2019-2-16）"，将▶拖动到6秒8帧，单击位置前的◎创建一个位置关键帧。

　　将▶拖动到5秒11帧，将位置的数值调节为-486、645，创建位移动画，如图5-3-15所示。

图5-3-15　副标题动画

## 5.3.2　纪录片开场

⓵ 创建序列。将素材"万里长城"拖到新建项上创建序列，如图5-3-16所示。

图5-3-16　预览素材

⓶ 添加音频到音频轨道，然后将视频剪辑初始位置调整到12帧处。这样声音比画面早出现12帧，使用声音引导观众进行想象，烘托影片气氛，如图5-3-17所示。

图5-3-17　添加音频

⓷ 制作黑幕开场。在效果面板搜索"线性擦除"将▶拖到12帧处，单击◎把"过渡完成"更改为50%；将▶拖到1秒5帧处，把"过渡完成"更改为50%。上方的黑幕制作完成，如图5-3-18所示。

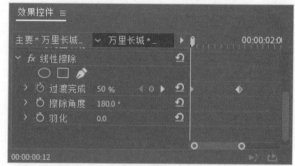

图5-3-18　线性擦除参数设置

⓸ 复制"线性擦除"，然后在其下方进行粘贴。并将擦除角度更改为0，这样下方黑幕动画制作完成，如图5-3-19所示。可以将两个"过渡完成"的第一个关键帧数值都调节为"缓入"使其动画效果更加自然。完成效果如图5-3-20所示。

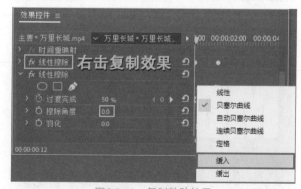

图5-3-19　复制粘贴效果

图5-3-20 完成效果

**05** 可以选择对素材"万里长城"添加一个"交叉溶解",使画面也从黑暗中逐渐显现(这一步可以根据画面需要选择添加),如图5-3-21所示。

图5-3-21 添加交叉溶解

**06** 创建旧版标题。在菜单栏选择"文件">"新建">"旧版标题"。单击文字工具创建新字幕。字体选择粗犷的样式,如图5-3-22所示。

然后将 拖到1秒22帧处,将字幕拖到轨道2之上。

图5-3-22 新建旧版标题

**07** 绘制蒙版。将 拖到3秒处,单击文字进入效果控件,单击"不透明度">"自由绘制贝塞尔曲线",绘制一个四边形蒙版,如图5-3-23所示。

图5-3-23 绘制蒙版

**08** 单击"蒙版路径"前面的 创建一个关键帧,将 拖回到1秒25帧处,调节蒙版位置将其向左拖动,如图5-3-24、图5-3-25所示。

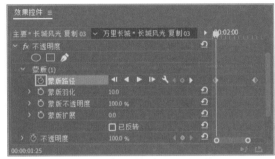

图5-3-24 设置蒙版路径关键帧

图5-3-25 创建关键帧动画

**09** 这样我们就制作完成一个逐渐显现的文字动画效果。在效果面板搜索"交叉溶解"将其添加到素材结束,文字会在持续一段时间后逐渐消隐,如图5-3-26所示。

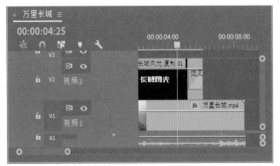

图5-3-26 再次添加"交叉溶解"

**10** 最后可以使用文字工具或者旧版标题添加字幕，如图5-3-27所示。

图5-3-27　添加字幕

### 5.3.3　批量制作与修改字幕

这个案例讲解如何在Premiere Pro中批量制作字幕。首先需要将声音转换成文字，然后在Photoshop中批量处理，最后调整时间码。

**01** 首先录制人声音轨。单击画外音录制，开始录音，这里我阅读了一段长城的资料，并且这段声音已经进行了降噪修复处理，如图5-3-28所示。

图5-3-28　录制音频

**02** 设置入点与出点，导出音频文件，格式为MP3，如图5-3-29所示。

图5-3-29　输出音频

**03** 语音转文字。这里选择的是"网易见外工作台"。注册之后，单击右侧的"新建项目"，如图5-3-30所示。

图5-3-30　新建项目

**04** 选择"语音转写"，如图5-3-31所示。

图5-3-31　语音转写

**05** "文件语音"选择"中文"，然后添加音频，如图5-3-32所示。

图5-3-32　上传文件

**06** 转换完成后，导出文本，如图5-3-33所示。

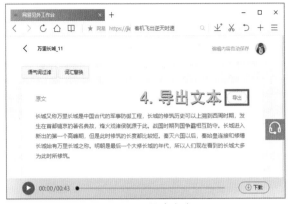

图5-3-33　导出文本

**07** 手工断句，删除标点。使用替换功能把所有的逗号、句号都替换掉，每句话都控制在15个字之内，这样比较适合屏幕阅读，如图5-3-34所示。

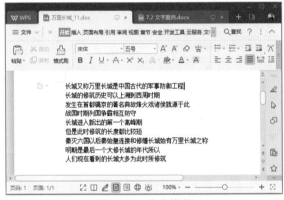

图5-3-34　文字排版

**08** 自动生成字幕PSD。在文本的初始位置输入Title，当然你可以使用任何英文，这一步只是输入一个让Photoshop识别的英文单词，如图5-3-35所示。

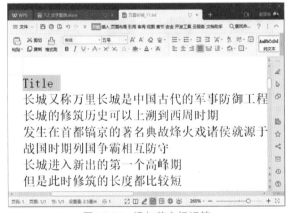

图5-3-35　添加英文标识符

**09** 保存为"万里长城.txt"的纯文本，编码为UTF-8，这种编码兼容性较好，如图5-3-36所示。

图5-3-36　保存设置

**10** 制作字幕。打开Photoshop单击"新建"，设置参数与Premiere Pro中的序列大小保持一致，如图5-3-37所示。

图5-3-37　新建字幕

**11** 可以从序列中导出一帧，放置于背景用于参考，输入文字"字幕测试"。中文字体为"方正黑体简体"，如果是英文可以选择"方正综艺简体"，这个设置来自于"人人字幕组"的组合。然后设置参考线将文字居中对齐（注意设置完字体后将背景图片进行删除或者隐蔽），如图5-3-38所示。

图5-3-38　在Photoshop中设置字幕大小

**12** 在菜单栏选择"图像">"变量">"定义"，如图5-3-39所示。

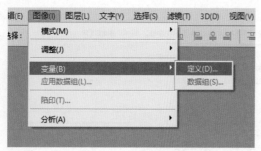

图5-3-39　定义变量

**13** 进入"变量"对话框，勾选文本替换。名称处粘贴之前在文本中输入的英文字母，单击确定，如图5-3-40所示。

图5-3-40　变量对话框设置

**14** 继续选择"图像">"变量">"数据组"，如图5-3-41所示。

图5-3-41　选择数据组

**15** 单击导入刚才修改过的文本，编码还是选择UTF-8，如图5-3-42所示。

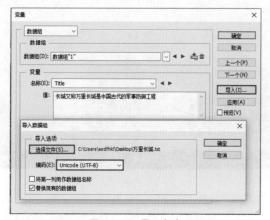

图5-3-42　导入文本

**16** 导出字幕。在菜单栏选择"文件">"导出">"数据组作为文件"，如图5-3-43所示。

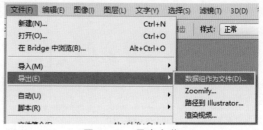

图5-3-43　导出字幕

**17** 设置导出文件夹。可以在工程目录文件夹下面新建一个"字幕"文件夹，如图5-3-44所示。

图5-3-44　导出参数设置

**18** 回到Premiere Pro导入字幕，选择字幕文件夹单击"导入文件夹"，将字幕文件夹的内容全部导入Premiere Pro，如图5-3-45所示。

图5-3-45　导入文件夹

**19** 在弹出的"导入分层文件"中，一直单击"确定"即可，如图5-3-46所示。

图5-3-46　导入需要的图层

⓴ 将导入的PSD文件拖到视频轨道3，如图5-3-47所示。

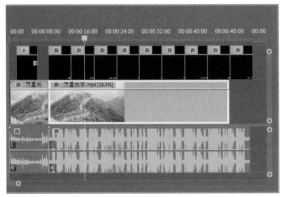

图5-3-47　将PSD字幕文件放置到轨道3

㉑ 时间码对位。首先锁定除字幕之外的视频轨道与音频轨道，防止误操作。然后将快捷键临时切换回Premiere Pro默认的快捷键。根据声音调节字幕持续时间，如果字幕时间过短使用"波纹编辑工具"拉长，如图5-3-48所示；如果字幕时间过长，推荐使用两个快捷键Q和W进行调整。

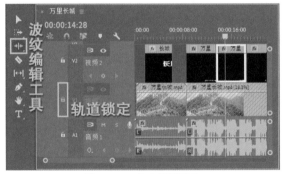

图5-3-48　文字匹配声音

㉒ 首先将V2轨道激活为目标切换轨道。按Q键可以删除播放指示器之前的剪辑；按W键可以删除"播放指示器"之后的剪辑，并且下一段素材会自动向前对齐，如图5-3-49所示。

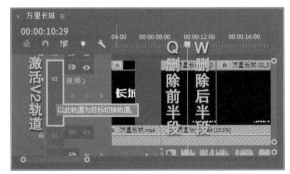

图5-3-49　Q与W是软件默认快捷键

㉓ 替换与修改。在Premiere Pro中将字幕时间调整完成后，如果发现字幕出现错别字，选择出错字幕右击"在资源管理器中显示"直接在Photoshop中修改。修改完

成后按Ctrl+S保存，Premiere Pro 会自动更新字幕，如图5-3-50所示。

图5-3-50　查找出错文字所在位置

㉔ 批量修改字体与字号。如果对整个字幕的字体与字号都不满意，可以回到Photoshop中重新修改，添加描边或修改字体，最后进行保存，如图5-3-51所示。

图5-3-51　Photoshop重新修改文字

㉕ 保存之后重新打开，重新选择"文件"＞"导出"＞"数据组作为文件"，参数与保存位置与之前一致。但是会弹出一个替换对话框。

选择"替换"，勾选"应用于全部"，将文字数据进行全部替换，如图5-3-52所示。

图5-3-52　替换新字幕

㉖ 回到Premiere Pro中，看到所有的文字都自动更新成了新的字体样式，不用再次调整字幕时间。这是一种非常快捷的整体调整字幕样式的方法，如图5-3-53所示。

图5-3-53　Premiere Pro自动替换

## 第6章 转场/过渡

转场是指转换时空或者转换场景，使镜头之间的过渡自然流畅不突兀。转场可以分为两大类：无技巧转场和技巧转场。本节我们通过实例讲解转场在短片与电影中的具体应用。

### 6.1.1 无技巧转场

无技巧转场不是不利用技巧，而是抓住前后镜头之间合理的过渡因素直接切换，起到承上启下、分割场次的作用。无技巧转场的方法主要有以下几种。

**01 利用相似性因素。** 上下镜头具有相同或相似的主体形象，或者其中物体形状相近、位置重合，在运动方向、运动速度、色彩等方面具有一致性，以此来达到视觉连续、转场顺畅的目的。

以短片《投币冒险家》为例，第一幕火箭在云中飞行，下一幕火箭变成了小男孩手中的玩具，交代了小男孩喜欢航天火箭的故事背景，巧妙地使用火箭衔接，实现了空间和时间的大幅度跨越，如图6-1-1所示。

图6-1-1　相似性因素

**02 利用承接因素。** 利用上下镜头之间的造型和内容上的某种呼应、动作连续或者情节连贯的关系，使段落过渡顺理成章。有时利用承接还可以制造错觉，使场面转换既流畅又有戏剧效果。

在短片*Bilby*中，上一个镜头主角"兔耳袋狸"看到荷叶上受到食人鱼威胁的雏鸟，下一幕救起了雏鸟，但是自己也受到了食人鱼的攻击。虽然我们没有实际看到主角救起雏鸟的过程，但是根据影片线索，我们心中可以联想出那个过程，如图6-1-2所示。

图6-1-2　承接因素

**03 利用人物出画、入画。** 人物从前一镜头走出画面，再从下一镜头的另一侧走入画面。也可以是前一镜头人物出画，后一镜头人物已在画中。

在电影《无敌破坏王2》中，第一个镜头主角云妮洛普唱着歌，滑入右侧的绿色迷雾，下一个镜头她从左边的绿色迷雾中出现，通过出画与入画完成场景的切换，如图6-1-3所示。

图6-1-3　出画、入画

**04 利用遮挡元素（或称挡黑镜头）。** 所谓遮挡是指镜头被画面内某形象暂时挡住。

遮挡有两种方式：一是主体迎面而来挡黑摄像机镜头，形成暂时黑画面；二是画面内前景暂时挡住画面内其他形象，成为覆盖画面的唯一形象。当画面形象被挡黑或完全遮挡时，一般也都是镜头切换点，它通常表示时间、地点的变化。

在电影《无敌破坏王2》中，云妮洛普与拉尔夫躺在广场聊天，拉尔夫不断地向上抛起橄榄球。最后通过橄榄球完全遮挡画面，将时间切换到27年前，如图6-1-4所示。

图6-1-4 遮挡元素

**05 利用运动镜头或动势。** 利用摄像机的运动来完成地点的转换，或者利用前后镜头中人物、交通工具的动势的可衔接性及动作的相似性，作为场景或时空转换的手段。

在短片《当汉服遇见世界》中，第一个镜头是主角穿着红色的汉服背对观众向右旋转，下一个镜头则变为主角身穿白色汉服，借着上一个镜头的动势完成场景的转换，如图6-1-5所示。

图6-1-5 动势

还有一种技巧常用于节奏较快的短片，就是"甩入"与"甩出"：镜头突然从表现对象上甩开（甩出），或镜头突然从别处甩到表现对象上。

**06 利用景物镜头（或称空镜头）。** 空镜头就是以交代环境、渲染气氛为目的而拍摄的只有景物、没有人物的镜头，例如革命先烈牺牲后，可以拍摄山上的青松。

在电影《飞屋环游记》中，第一个镜头是78岁的气球销售员卡尔·弗雷德里克森通过艰难的跋涉，最终找到了探险目的地"天堂瀑布"；下一个画面便使用景物镜头介绍"天堂瀑布"的美丽景象，如图6-1-6所示。

图6-1-6 景物镜头

**07 利用声音。** 这是一种将声音和画面结合起来达到转场目的的常用方法，用音乐、音响、解说词、对白等和画面配合实现转场，主要方式是声音的延续、声音的提前进入、前后画面声音相似部分的叠化。

在电影《我不是药神》中，患者吃了假药，得了重病，家属回忆吃了谁卖的假药，以一句"在座的各位病友"为声音旁白，下一个镜头直接切换到假药贩子张长林在忽悠患者的场景，如图6-1-7所示。

图6-1-7 声音

**08 利用主观镜头（视点镜头）。** 主观镜头是指顺人物视线方向所拍的镜头，用摄像机拍摄的内容代表人物看到的景象。

例如在《争霸艾泽拉斯》的开场CG动画中，前一个镜头小王子安度因被击倒在地看着救他的人，下一个镜头顺着小王子的视线，看到两人正在拼死搏斗。这里使用主观镜头转场不但非常自然，而且还能引起观众的好奇心，如图6-1-8所示。

图6-1-8　主观镜头

**09 利用特写。** 利用特写转场可以在一定程度上弱化镜头转换所产生的视觉跳动。特写常常作为转场不顺时的补救手段，前面段落的镜头无论以何种方式结束，下一个段落的开始镜头都可以从特写开始。

在电影《无敌破坏王2》中，云妮洛普与拉尔夫即将分别，下一个镜头云妮洛普做的"点心徽章"被摔断之后又重新结合在一起，象征两人又和好如初，如图6-1-9所示。

图6-1-9　特写

**10 利用两极镜头。** 利用前后镜头在景别、动静变化等方面的巨大差异和对比，来形成明显的段落间隔，这种方法适合于大段落的转换。

在短片《当汉服遇见世界》中，第一个镜头为近景，模特面向观众走来；第二个镜头为全景，模特背向观众前进。通过两个镜头由近到远的变化，以及相反的运动方式营造出强烈的视觉反差。

第三个镜头继续拍近景，模特继续面向观众走来；第四个镜头场景由白天转换为夜晚，模特继续背向观众行走。通过这样"穿插"组接镜头，使画面具有良好的节奏感与视觉冲击性，如图6-1-10所示。

图6-1-10　两级镜头

### 6.1.2 技巧转场

技巧转场是通过视频编辑软件中的特技技巧，实现场景转换，一般包括叠化、淡入淡出、多画面分割、划像、闪白等技巧。

**01 叠化。** 指前一个镜头的画面与后一个镜头的画面相叠加，前一个镜头的画面逐渐隐去，后一个镜头的画面逐渐显现并清晰的过程。在Premiere Pro中默认的视频过渡"交叉溶解"也就是叠化。

在电影《飞屋环游记》中，卡尔·弗雷德里克森的老伴去世。第一个镜头是在教堂默哀，下一个镜头通过叠化切换到他现在住的房子当中，完成了时间与场景的转换，如图6-1-11所示。

图6-1-11　叠化

叠化主要有以下几种功能：一是用于时间的转换，表示时间的消逝；二是用于空间的转换，表示空间已发生变化；三是用叠化表现梦境、想象、回忆等插叙、倒叙场合。所以当镜头质量不佳时，可以借助这种转场来掩盖镜头的缺陷。

**02 淡入淡出。** 淡入指画面从全黑逐渐显露直到清晰，一般用于段落或全片开始的第一个镜头，引领观众逐渐进入剧情；淡出是指画面由正常逐渐暗淡直到变黑并完全消失，常用于段落或影片的结尾，可以引发观众回味。

淡入淡出常用于表现一个完整段落的结束或一个新段落的开始，持续时间可以控制在1.5秒或者2秒左右。在电影《宝贝老板》中，提姆抱着弟弟睡着了，场景逐渐变暗，表示这段故事得以结束。下一个镜头以闹钟响起代表新一天的开始，如图6-1-12所示。

图6-1-12　淡入淡出

**03 多画面分割。** 多画面分割指在屏幕上同时出现多幅相同或不同的影像，构成多画屏，产生多空间并列、对比的艺术效果。

在《炉石传说》中，大坏蛋们准备去抢劫达拉然银行，通过使用多画面分割达到"花开两朵，各表一枝"的效果，展示了每个坏蛋的意图与想法，如图6-1-13所示。

图6-1-13　多画面分割

**04 划像转场。** 划像是指两个画面之间的渐变过渡，分为划出与划入。划出指的是前一画面从某一方向退出荧屏，划入指下一个画面从某一方向进入荧屏。划像一般用于两个内容意义差别较大的段落转换。

在电影《宝贝老板》中，男孩提姆正在与扮演"蓝猩猩"的爸爸玩"丛林狩猎"的游戏，通过划像转场切换到现实场景，如图6-1-14所示。

图6-1-14　划像转场

**05 闪白。** 通过闪白能够制造出照相机拍照、强烈闪光、打雷、大脑中思维片段闪回的效果。

它是一种强烈刺激，能够产生速度感，并且能够把毫不关联的画面组接起来而不会太让人感到突兀，所以适合节奏强烈的片子。如果不择时机乱用，效果可能不佳。闪白时最好和音乐的节拍相吻合，或者配上音效。

在电影《无敌破坏王2》中，云妮洛普与拉尔夫通过网线穿越到互联网世界时，使用闪白作为转场表示穿越的瞬间，如图6-1-15所示。

图6-1-15　闪白

课后作业：查找"转场"在影视作品中的具体应用，剪辑并上交10个无技巧转场与5个技巧转场，输出大小为720p，输出格式为MP4。

## 6.2 转场案例

大多数电影和电视节目都使用"剪接"编辑，很少看到转场/过渡效果，这是因为华丽的转场虽然能带来额外的视觉体验，但是也会极大地分散观众的注意力。

中文版的Premiere Pro中，"转场"被翻译为"过渡"，但本质上描述的是同一个意思。

**01** Premiere Pro提供了多种视频的过渡效果。大多位于效果面板中的"视频过渡"组中，如图6-2-1所示。

图6-2-1 默认视频过渡组

**02** 默认过渡。在Premiere Pro中，默认的视频过渡为"交叉溶解"，快捷键为Ctrl+D，使用蓝色边框进行标记显示。

如果在工作中偏爱使用某个过渡，选择这个过渡，右击"将所选过渡设置为默认过渡"即可将当前过渡设置为"默认视频过渡"，如图6-2-2所示。

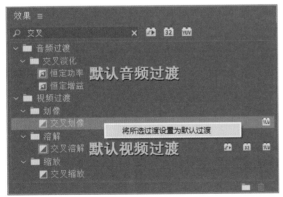

图6-2-2 更改默认视频过渡

### 6.2.1 轨道遮罩键

**01** 创建项目文件夹。在D盘的Premiere Pro文件夹内，创建一个"转场案例"文件夹，将素材文件复制进去。

回到Premiere Pro新建项目，项目名称为"轨道

遮罩键"，位置指定到刚才创建的"转场案例"文件夹，如图6-2-3所示。

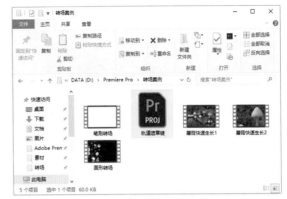

图6-2-3 新建项目

**02** 将素材"蘑菇快速生长1"拖动到轨道1创建序列，按键盘的向下键，跳转到素材结尾看到这段素材持续时间为5秒7帧。

转场时间大约为2秒，所以将播放指示器拖动到3秒7帧，然后将"蘑菇快速生长2"放置到轨道2，这样上下两段素材就有了2秒的重叠时间，如图6-2-4所示。

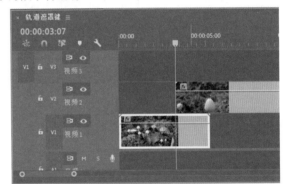

图6-2-4 叠加素材

**03** 将有动画效果的黑白笔刷转场素材放置到轨道3，初始位置与轨道2的素材保持一致，如图6-2-5、图6-2-6所示。

图6-2-5 黑白笔刷素材

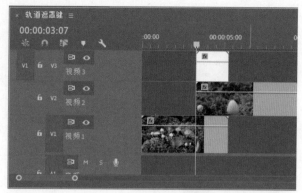

图6-2-6　转场素材添加到轨道3

**04** 在效果面板搜索"轨道遮罩键"，然后将其添加到轨道2的素材上，如图6-2-7所示。

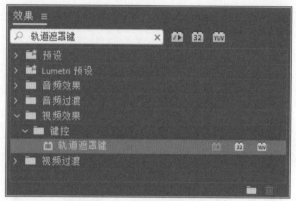

图6-2-7　添加轨道遮罩键

**05** "轨道遮罩键"是以黑白素材的亮度信息（或Alpha通道）作为遮罩遮挡下方的图层，参数设置如图6-2-8所示。

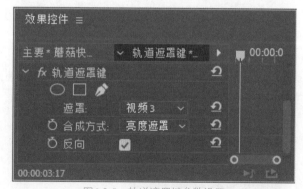

图6-2-8　轨道遮罩键参数设置

**06** 转场完成效果如图6-2-9所示。

图6-2-9　最终效果

**07** 如果对转场效果不满意，可以在网上下载新的黑白转场素材，例如圆形气泡转场，如图6-2-10所示。

图6-2-10　圆形气泡转场

**08** 轨道2的素材添加了轨道遮罩键后，会发现后面的画面不显示了（如果画面还显示是因为轨道遮罩键里勾选了反向）。

将播放指示器拖到5秒7帧处，使用剃刀工具，将轨道2的素材断开，然后将后半段素材的轨道遮罩键效果删除即可，这样后面的画面就会重新显示，如图6-2-11所示。

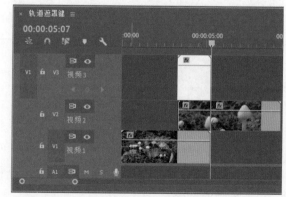

图6-2-11　调整轨道遮罩键

最后建议每个转场都要和音乐的节拍相吻合，或者配上适当的转场音效，如咔嚓、呼、刷等。例如拍街景画面转换时，添加汽车的鸣笛声会使画面的转换非常自然。

课后作业：请为案例"蘑菇生长"添加合适的转场音效，并尝试组建属于自己的转场音效库。

## 6.2.2 转场综合案例

下面我们通过一个案例《校园漫步》，学习常用的几种转场效果，如"交叉溶解""白场过渡""轨道遮罩键"。

**01** 创建项目文件夹。在D盘的Premiere Pro文件夹内，创建一个"校园漫步"文件夹，将素材文件复制进去。

因为素材种类较多，所以要创建文件夹对素材文件进行分类整理，如图6-2-12所示。

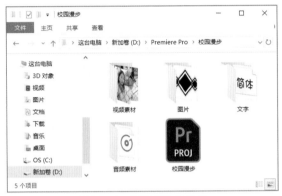

图6-2-12 新建项目文件夹

**02** 回到Premiere Pro，首先在项目面板创建5个素材箱，分别命名为"图片""序列""文字""音频素材""视频素材"，然后将素材分别拖到相应的文件夹当中。

新建项目，将"01.mp4"拖到新建项，使用素材大小创建一个新序列，名称为"校园漫步"，如图6-2-13所示。

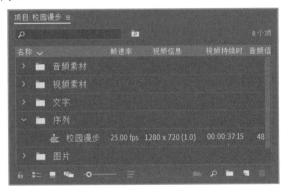

图6-2-13 整理项目面板

**03** 将全部视频素材按照命名顺序"01""02""03"逐一拖到序列上。将音频添加到音频轨道，然后按空格键预览整段视频，如图6-2-14所示。

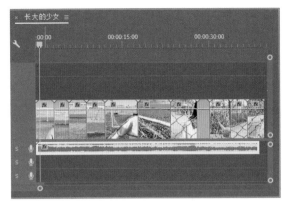

图6-2-14 按名称将素材拖到视频轨道

**04** 制作标题。在菜单栏选择"文件">"新建">"旧版标题"，创建新的字幕，字体为"华康少女文字简W5"，如果没有这个字体可以去工程目录里的文字文件夹中找到，然后将其安装到Windows当中，最后重启Premiere Pro即可，如图6-2-15所示。

图6-2-15 制作字幕

**05** 将制作好的字幕拖到轨道2，调节持续时间为3秒。需要制作的效果是第一秒文字逐渐显现，第二秒文字保持不动，第三秒文字逐渐消失，如图6-2-16所示。

图6-2-16 添加字幕到轨道2

**06** 文字逐渐显现。在效果面板搜索"交叉溶解"，将其拖到轨道2的字幕开头，看到文字在1秒内逐渐显现，如图6-2-17所示。

如果希望剪辑的开头和结尾从黑色淡入或淡出，使用"交叉溶解"即可快速达到这个效果。

图6-2-17　添加交叉溶解

**07** 设置过渡持续时间。选择"交叉溶解"右击，在弹出的快捷菜单中选择"设置过渡持续时间"，可以设置转场所需的时间，如图6-2-18所示。

　　如果觉得这个转场效果不好，可以选择"清除"或者直接按Delete键删除这个转场效果。

图6-2-18　设置过渡持续时间

**08** 文字逐渐消失。再次从效果面板拖动一个"交叉溶解"，将其添加到文字的结尾处，看到文字持续1秒后，开始逐渐消失，如图6-2-19所示。

图6-2-19　文字消失

**09** 白场过渡。继续播放序列，看到第四段素材与前后衔接过于突兀。在效果面板搜索"白场过渡"将其放置到第三段与第四段素材的中间，可以看到白场效果已经出现，如图6-2-20所示。

　　Premiere Pro 2019之前的版本，"白场过渡"翻译为"渐隐为白色"，它相当于转场中的"闪白"。

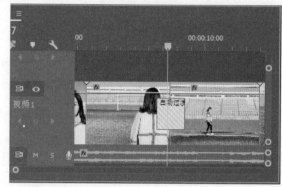

图6-2-20　白场过渡

**10** 设置对齐方式。在第四段与第五段的中间再次添加"白场过渡"。单击"白场过渡"进入效果控件，将转场的对齐方式调节为"起点切入"，这样这个转场只会影响第五段素材而并不影响第四段素材，如图6-2-21、图6-2-22所示。

图6-2-21　设置对齐方式

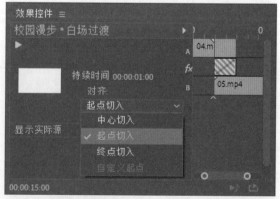

图6-2-22　起点切入

**11** 继续播放序列，看到第五段与第六段素材转换得过于生硬，使用"轨道遮罩键"制作一个新转场。将第六段素材拖到轨道2，并且将其提前到15秒18帧处，使两段素材有一定的重叠，如图6-2-23所示。

　　这里建议使用Shift+↑/↓快捷键，可以快速跳转到每段素材的开始与结束位置。

图6-2-23 添加轨道遮罩键

**12** 导入转场文件。将"转场图片"拖到轨道3，并且将其对齐到15秒18帧处，我们看到这张静止的图片持续时间为5秒，显然不需要这么长的持续时间，所以将其裁剪缩短为2秒即可，如图6-2-24、图6-2-25所示。

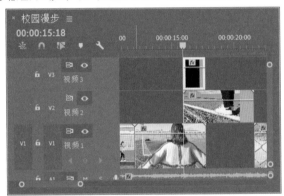

图6-2-24 转场素材添加到轨道3

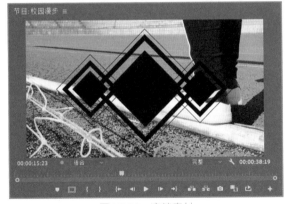

图6-2-25 遮挡素材

**13** 制作转场动画。单击轨道3的转场图片进入效果控件，打开缩放的"切换动画开关"，将数值调节到0，然后将播放指示器拖到2秒后，也就是17秒18帧再将缩放值调节为504，看到缩放处出现了2个关键帧，如图6-2-26所示。

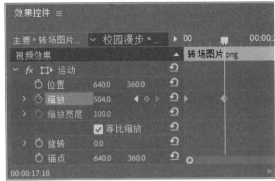

图6-2-26 制作转场动画

**14** 选择轨道2的素材，在效果面板添加"轨道遮罩键"。注意这里合成方式选择了Alpha遮罩，是因为转场图片是一张带有Alpha通道的PNG图片，如图6-2-27所示。

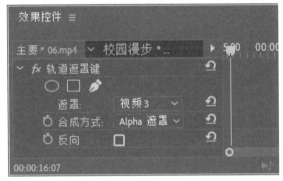

图6-2-27 Alpha遮罩

**15** 制作视频结尾。选择最后一个素材进入效果面板添加"高斯模糊"，在34秒16帧处单击"模糊"的动画开关，然后将播放指示器拖到35秒16帧处将模糊度调节为57，如图6-2-28所示。

图6-2-28 添加模糊

**16** 制作字幕。在菜单栏选择"文件">"新建">"旧版标题"，创建新的字幕，内容如图6-2-29所示。

**17** 将制作好的字幕文件放置到轨道2，持续时间与最后一个素材结尾保持一致，如图6-2-30所示。

**18** 进入文字的效果控件，将播放指示器的位置调节到34秒16帧处打开"缩放"的动画开关，数值调节为0。将播放指示器调节到35秒16帧处，将缩放值调节为100，如图6-2-31所示。

图6-2-29　创建字幕

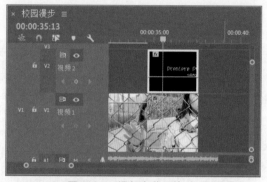

图6-2-30　添加字幕到轨道2

图6-2-31　文字动画

**19** 制作黑场。回到项目面板选择"新建项">"黑场视频"，然后将其放置到轨道3，对齐片尾，然后将36秒7帧之前的部分裁剪掉，如图6-2-32、图6-2-33所示。

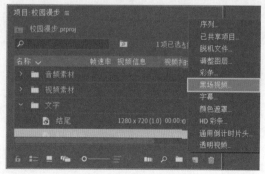

图6-2-32　新建黑场

图6-2-33　添加黑场到轨道3

**20** 制作黑场动画。将播放指示器拖到36秒7帧，进入效果控件，单击不透明度的动画开关将不透明度调节为0%。

将播放指示器继续拖到37秒7帧再将不透明度调节回100%，这样一个黑场动画就制作完成了，如图6-2-34所示。举一反三，想想画面由黑场逐渐转亮的效果如何制作？

图6-2-34　黑场动画

**21** 添加音频切换。首先裁剪音频长度使其与视频长度保持一致，然后制作一个声音逐渐消失的效果。

在效果面板搜索"指数淡化"，将其添加到音频轨道上，过渡持续时间设置为1秒8帧，与黑场的持续时间保持一致，如图6-2-35所示。

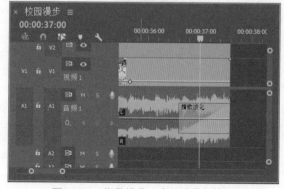

图6-2-35　指数淡化（交叉淡化切换）

# 6.3 转场插件 FilmImpact Transition Packs

Premiere Pro拥有众多转场插件，这里介绍FilmImpact Transition Packs。它是一款功能十分强大的视频特效转场工具，包含了6组Premiere Pro特效转场插件，可以为用户提供专业的转场特效，如图6-3-1所示。

图6-3-1 转场插件

**01** 安装插件。首先关闭Premiere Pro，然后单击安装，一路单击Next到底，无须破解，如图6-3-2所示。

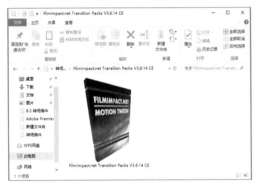

图6-3-2 安装插件

**02** 查看插件安装后的位置。启动Premiere Pro，在效果面板展开"视频过渡"就可以看到已经安装的6组插件，如图6-3-3所示。

图6-3-3 插件在Premiere Pro中的位置

**03** 6组插件的翻译，请查阅本节的素材文件，如图6-3-4所示。

图6-3-4 插件翻译

**04** 下面通过几个案例介绍FilmImpact。在D盘的Premiere Pro文件夹内，创建一个"转场插件"文件夹，将素材文件复制进去。

启动Premiere Pro新建项目，项目名称为"转场插件"，位置指定到刚才创建的"转场插件"文件夹，如图6-3-5所示。

图6-3-5 新建项目

**05** 将素材"金门大桥"拖到"新建项"创建序列，然后将素材"桥面实拍"也放置到轨道1，如图6-3-6所示。

图6-3-6 添加素材到轨道

**06** 在效果面板搜索copy找到Impact Copy Machine（光切换），将其添加到素材1与素材2之间。看到转场光效已经添加到素材之上，如图6-3-7、图6-3-8所示。

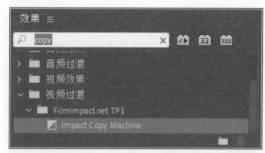

图6-3-7　Impact Copy Machine

图6-3-8　完成效果

**07** 设置对齐方式。观察第二段素材有点抖动，是因为驾车行驶过程拍摄的问题，所以单击转场将"对齐"修改为"起点切入"，这样转场效果只影响第二段素材，如图6-3-9所示。

图6-3-9　设置对齐方式

**08** 修改光的颜色。由于转场默认的光效颜色为绿色，不符合当前的环境，所以修改颜色为蓝色，RGB值为0、72、154，如图6-3-10所示。

图6-3-10　修改光的颜色

**09** 添加声音。双击预览声音，听到一个类似"刷"的音效，如图6-3-11所示。

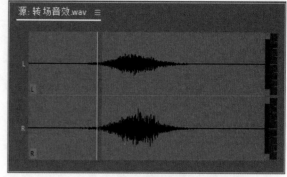

图6-3-11　音频素材

**10** 删除原有声音，将声音文件拖到4秒14帧处。按回车键渲染序列，看到音效与转场效果完美地融合到了一起，如图6-3-12所示。

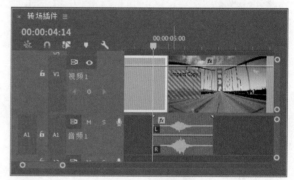

图6-3-12　匹配声音

　　第一个转场效果我们就讲解完成了。注意，安装插件后，Premiere Pro有时会出现崩溃，建议大家每到一个重要的节点要及时保存文件。

**11** 下面我们讲解另一个好用的效果。导入新素材"黄石风光""黄石峡谷"，创建一个720p的新序列，命名为"转场插件2"，如图6-3-13所示。

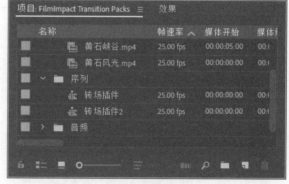

图6-3-13　新建项目

**12** 将"黄石风光""黄石峡谷"依次放置到轨道1，如图6-3-14所示。

图6-3-14　将素材添加到轨道

13 在效果面板搜索Push，找到Impact Push推动切换（带动态模糊），将其添加到两个素材的中间，看到画面从左边逐渐被推到了右边，如图6-3-15、图6-3-16所示。

图6-3-15　找到Impact Push

图6-3-16　完成效果

14 进入转场的效果控件，可以设置推动的方向与推动时候的画面模糊大小，如图6-3-17所示。

图6-3-17　设置模糊大小

15 三维卷动推动转场。将转场删除，在效果面板搜索Roll，找到Impact 3D Roll（三维卷动推动转场），将其添加到两个素材的中间，看到画面旋转了几圈后转换到了新画面，如图6-3-18、图6-3-19所示。

图6-3-18　找到Impact 3D Roll

图6-3-19　完成效果

16 进入转场的效果控件，可以设置旋转的圈数与运动模糊的大小。如果圈数设置为1，那么可以模拟出一个类似"甩镜头"的效果，如图6-3-20所示。

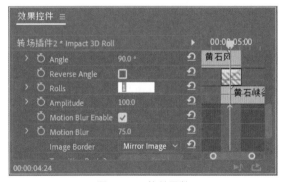

图6-3-20　旋转圈数

## 第7章　练习案例

这个案例学习制作马赛克效果。技术要点在于手动追踪裁剪的区域，注意制作完成特效后，要对项目进行调色、处理声音，最后导出媒体影片。

**01** 创建项目文件夹。在D盘的Premiere Pro文件夹内，创建一个"马赛克"文件夹。将素材文件复制进去。

启动Premiere Pro新建项目，项目名称为"马赛克"，将位置指定到刚才创建的"马赛克"文件夹，如图7-1-1所示。

图7-1-1　新建项目——马赛克

**02** 裁剪视频。新建一个1280×720的序列，然后将拍摄的1080p的素材拖到序列上。按空格键预览素材，看到人物略大，并且视频有多余的地方，如图7-1-2所示。

图7-1-2　修剪原始素材

进入效果控件单击"运动"，手动调节缩放值，将视频缩放到合适大小；然后使用剃刀工具，将视频不需要的部分进行裁剪。

**03** 波纹删除。按Delete键删掉多余的素材后，在间隙处右击，在弹出的快捷菜单中，选择"波纹删除"，将素材自动向前对齐，如图7-1-3所示。

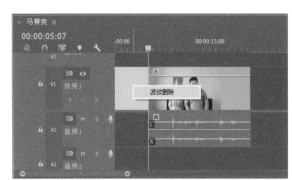

图7-1-3　波纹删除

**04** 按Alt键将素材从"轨道1"拖到"轨道2"，看到素材被复制了一份。然后将"轨道1"的"切换轨道输出"关闭，使"轨道1"的素材暂时隐藏，如图7-1-4所示。

图7-1-4　复制轨道1素材

**05** 在效果面板搜索"裁剪"，将"裁剪"拖动添加到"轨道2"的素材上，如图7-1-5所示。

图7-1-5　裁剪

06 将播放指示器拖到第0帧的位置，选择"轨道2"上的素材，找到效果控件单击"裁剪"，然后看到节目监视器出现裁剪的"蓝色边框"。手动调节裁剪的各项数值，使其仅显示人物脸部，如图7-1-6、图7-1-7所示。

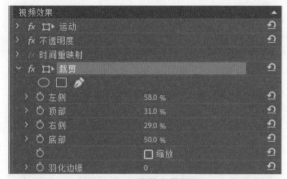

图7-1-6　裁剪参数设置

图7-1-7　提取脸部

07 单击左侧、顶部、右侧、底部前的 ⏱（切换动画开关），开始记录动画。然后将"播放指示器"从第0帧拖到第10帧，如图7-1-8所示。

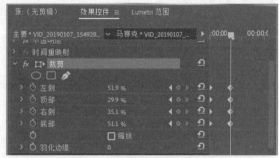

图7-1-8　裁剪关键帧被记录

确保"裁剪"处于选择状态，回到节目监视器手动调节裁剪的"蓝色边框"将显示范围设置为人脸范围，同时关键帧的信息也被记录下来。

08 将"播放指示器"拖动到第20帧处，再次手动调节裁剪的"蓝色边框"，之后每隔10帧记录一次关键帧，依次制作剩余的关键帧，如图7-1-9、图7-1-10所示。

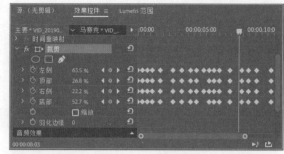

图7-1-9　记录动画

图7-1-10　裁剪动画

09 将人物的脸部通过裁剪提取出后，在效果面板搜索"马赛克"将其添加到"轨道2"的素材上。

将水平块和垂直块的数值都调节为80，使马赛克的密度变大，如果马赛克的边缘有黑边，请勾选"锐化颜色"，如图7-1-11、图7-1-12所示。

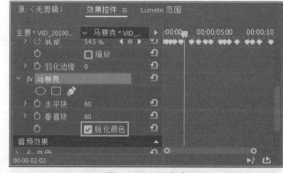

图7-1-11　马赛克

图7-1-12　添加马赛克完成效果

**10** 将"轨道1"的切换轨道输出打开，将其作为背景重新显示。按空格键预览视频看到脸部马赛克效果基本制作完成，如图7-1-13所示。

图7-1-13 显示轨道1素材

**11** 调色。新建一个调整图层，然后将其拖到"轨道3"，在效果面板添加Looks，进行调色，选择一个预设进行加载，如图7-1-14、图7-1-15所示。

图7-1-14 Looks调色

图7-1-15 添加暗角

**12** 处理声音。选择音频素材，右击，在弹出的快捷菜单中，选择"取消链接"，断开声音与视频，然后将源声音删除，如图7-1-16所示。单击"画外音录制"录制一段更加凶狠的敲诈音频素材，并对声音进行处理。

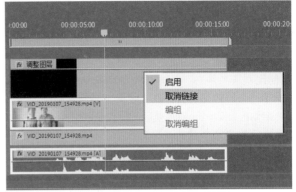

图7-1-16 取消音频与视频的链接

**13** 处理好画面与声音后，在菜单栏选择"文件">"导出">"媒体"，渲染视频保存为"马赛克.mp4"，最后按Ctrl+S 快捷键保存Premiere Pro工程文件，如图7-1-17所示。

图7-1-17 导出媒体

# 7.2 分屏效果

本节案例学习制作分屏效果，难点在于关键帧动画的相关知识与插值的高级技巧。

## 7.2.1 动画与关键帧

**01** 创建项目文件夹。在D盘的Premiere Pro文件夹内，创建一个"分屏效果"文件夹，将素材文件复制进去。

启动Premiere Pro新建项目，项目名称为"分屏效果"位置指定到刚才创建的"分屏效果"文件夹，如图7-2-1所示。

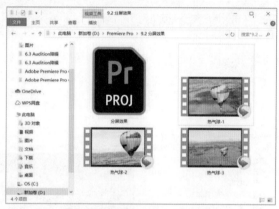

图7-2-1　新建项目——分屏效果

**02** 导入素材后，按键盘的Ctrl+N快捷键，新建一个HDV 720p25的序列，命名为"分屏效果"。

将"热气球1"放置到轨道1上。将 拖到1秒处，然后再将"热气球2"放置到轨道2上，如图7-2-2所示。

图7-2-2　添加素材

**03** 将轨道上下放大，在 的位置右击，在弹出的快捷菜单中选择"运动">"位置"，使位置的关键帧信息在时间轴上显示，如图7-2-3所示。

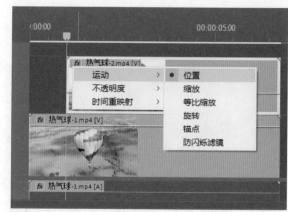

图7-2-3　时间轴显示位置关键帧

**04** 激活安全边距。在节目监视器窗口单击"安全边距"将其激活，如图7-2-4所示。

图7-2-4　激活安全边距

**05** 制作动画。首先暂时关闭轨道2的 ，使轨道2暂时隐蔽。将 拖到1秒处，然后单击轨道1的素材进入效果控件，打开位置前面的 创建一个关键帧。

将 拖到2秒处，把位置数值调节为280、360，生成第二个关键帧，使热气球主体处于画面左侧的中心，如图7-2-5、图7-2-6所示。

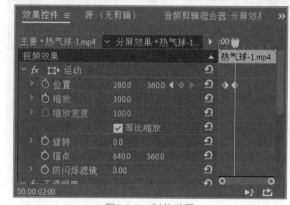

图7-2-5　制作动画

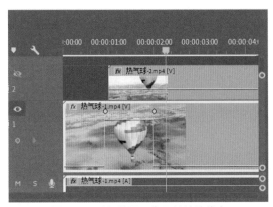

图7-2-6　时间轴显示位置关键帧信息

**06** 制作裁剪动画。在效果面板搜索"裁剪"将其添加到轨道1的素材上。

将▮拖到1秒处，打开"右侧"前面的◙创建一个关键帧。然后将▮拖到2秒处，把"右侧"的数值调节为21.9%生成第二个关键帧，将超过画面中心的部位全部裁剪掉，如图7-2-7所示。

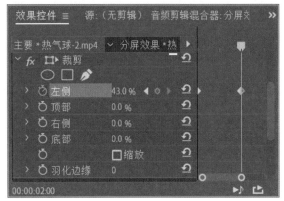

图7-2-7　添加裁剪

**07** 激活轨道2的◙，将轨道2重新显示出来。再将▮拖到1秒处，单击"位置"前面的◙创建一个关键帧，然后将数值调节为1894、360。

将▮拖到2秒处，把位置的数值调节为729、360，使热气球从画面外部进入画面右侧的中心，如图7-2-8所示。

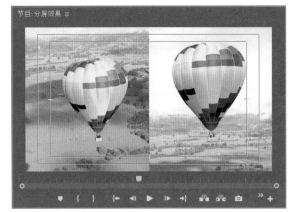

图7-2-8　调整位置

**08** 在效果面板搜索"裁剪"将其添加到轨道2的素材上。将▮拖到1秒处，打开"左侧"的◙创建一个关键帧。

将▮拖到2秒处，把"左侧"的数值调节为43%，生成第二个关键帧，将超过画面左侧的多余部分进行裁剪，如图7-2-9所示。

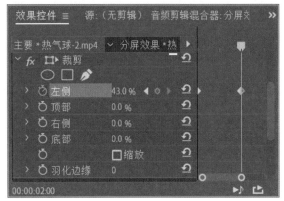

图7-2-9　裁剪

**09** 按回车键渲染序列，查看动画效果，如图7-2-10所示。

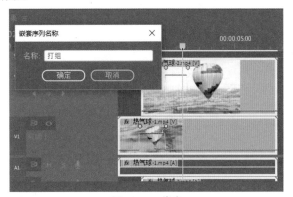

图7-2-10　动画效果

**10** 嵌套序列。框选轨道1与轨道2的素材右击选择"嵌套"，在弹出的对话框中命名为"打组"，如图7-2-11所示。

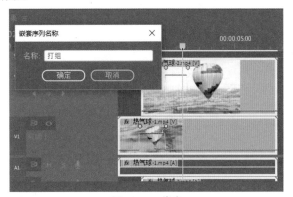

图7-2-11　嵌套

⓫ 嵌套完成后，素材在时间轴上以绿色显示。同时在项目面板出现了一个命名为"打组"的新序列，如果需要修改嵌套的内容，双击即可进入"打组"这个新序列当中，如图7-2-12所示。

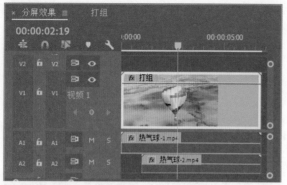

图7-2-12　嵌套完成

⓬ 将▮拖到3秒处，打开"位置"前面的◉创建一个关键帧，再将▮拖到4秒处，把"位置"的数值调节为640、62，生成第二个关键帧，使热气球的吊篮处于画面上半部分的中心，如图7-2-13所示。

图7-2-13　调整位置

⓭ 在效果面板继续添加"裁剪"，将▮拖到3秒处，打开"底部"前面的◉创建一个关键帧。再将▮拖到4秒处，把"底部"的数值调节为8.7%生成第二个关键帧，到这里第一组动画制作完成，如图7-2-14所示。

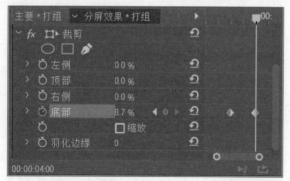

图7-2-14　裁剪设置

⓮ 将素材"热气球3"拖到轨道2上，位置对齐到3秒处，如图7-2-15所示。

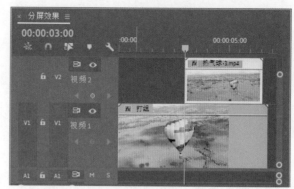

图7-2-15　位置对齐到3秒处

⓯ 将▮拖到3秒处，打开"位置"前面的◉创建一个关键帧，并且把位置数值调节为640、1080。再将▮拖到4秒处，把"位置"的数值调节为640、500生成第二个关键帧，看到画面逐渐上移。

请熟练使用"转到上一关键帧"和"转到下一关键帧"来检查关键帧数值，如图7-2-16所示。

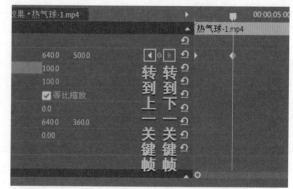

图7-2-16　转换关键帧

⓰ 在效果面板继续添加"裁剪"，将▮拖到3秒处，打开"顶部"前面的◉创建一个关键帧，将▮拖到4秒处，把"顶部"的数值调节为30.4%生成第二个关键帧，如图7-2-17所示。

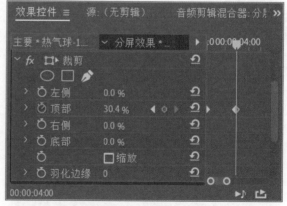

图7-2-17　裁剪设置

⓱ 裁剪素材。将▮拖到6秒处，然后将多余的素材全部删除，渲染项目完成这个案例的制作，如图7-2-18

所示。

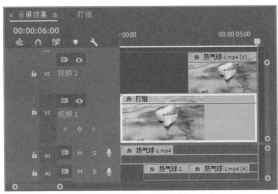

图7-2-18　完成裁剪

课后作业：制作一个有意思的分屏效果，如图7-2-19所示。

图7-2-19　分屏效果

### 7.2.2 插值

本节我们学习关键帧动画的高级技巧：插值，插值是指在两个已知值之间填充未知数据的过程。

例如，当位置上设置了两个关键帧进行位移时，关键帧中间自动生成的数据就是"插值"。它决定了两点之间的运动速度与运动路线。

Premiere Pro有以下几种插值方法，如图7-2-20所示。更改关键帧的插值计算方法，会创建完全不同的动画效果。

（1）**线形（插直）（◇）**：在关键帧之间创建一种匀速变化，它是默认的插值效果。

（2）**贝塞尔曲线/连续贝塞尔曲线（Σ）**：可以手动调节方向手柄控制动画速率。

选择关键帧之后，拖动出现的贝塞尔手柄，调节曲线可以让一个物体平滑地移动到屏幕中心，然后急速地退出屏幕。

（3）**自动贝塞尔曲线（●）**：自动创建平滑的运动方式。

（4）**定格（◁）**：更改属性值且不产生渐变过渡。

（5）**缓入（Σ）**：缓慢进入关键帧的值的变化。

（6）**缓出（Σ）**：逐渐加快离开关键帧的值的变化，这是一种快速调节关键帧插值的方法。

**临时插值**：将选定的插值法应用于运动变化。例如，可以使用"临时插值"来确定物体在运动路径中匀速移动还是加速移动。

**空间插值**：将选定的插值法应用于形状变化。例如，可以使用"空间插值"来确定运动的路径形状。

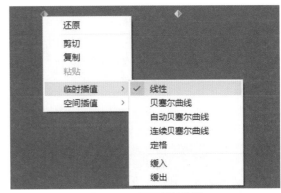

图7-2-20　不同插值效果

**01** 新建一个HDV 720p的序列，命名为"插值"。导入一张图片，制作位置动画。

首先将缩放数值调节为39%，单击位置前面的 ⬤ 创建一个关键帧位置数值为144、540，将 ⬤ 拖到3秒7帧调节位置的数值为608、253，再将 ⬤ 拖到6秒19帧调节位置的数值为1084、506，如图7-2-21所示。

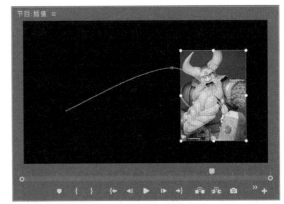

图7-2-21　创建位移动画

**02** 查看速率图表。进入效果"控件面板"中，展开 ⬤ 前面的"三角形"看到"速率图表"。可以更改关键帧的运动，例如使其在紧邻关键帧之前减速，然后在紧邻关键帧之后加速，如图7-2-22所示。

图7-2-22　速率图表

**03** 在速率图表中，使用选择工具或者钢笔工具单击关键帧，这样速率图表中会显示关键帧的"方向手柄"和"速度控件"，可以使用以下操作：

要加速进入或者离开关键帧，请向上拖动方向手柄。进入和离开手柄将同时移动，如图7-2-23所示。

要减速进入或者离开关键帧，请向下拖动方向手柄。进入和离开手柄将同时移动。

要仅加速或减速进入关键帧，请按键盘的Ctrl键进入方向手柄，并向上或向下拖动手柄。

图7-2-23　减速效果

**04** 在效果控件单击"运动"，观察节目监视器窗口，看到由蓝点生成的线段，蓝点由稀疏到密集表示这是一个减速效果，如图7-2-24所示。

每一个蓝点代表一帧，可以说创建的曲线越陡，动画的移动速度就增加得越快。

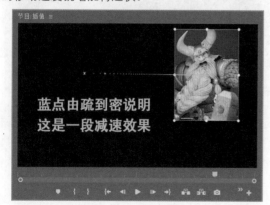

图7-2-24　插值关键帧

**05** 空间插值。继续选择第一个关键帧右击，在弹出的快捷菜单中，选择"空间插值">"贝塞尔曲线"，如图7-2-25所示。

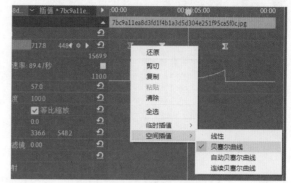

图7-2-25　贝塞尔曲线

**06** 在节目监视器窗口调整方向手柄，可以修改图片的运动路径，例如由原先的"自动贝塞尔曲线插值"修改为"线性空间关键帧"，图片的运动路径由曲线变成了直线，如图7-2-26、图7-2-27所示。

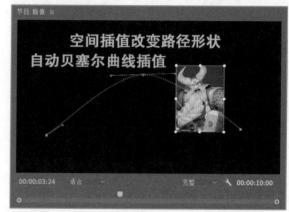

图7-2-26　自动贝塞尔曲线为默认的空间插值

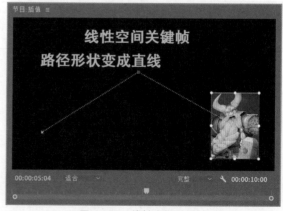

图7-2-27　线性空间关键帧

**07** 也可以使用"贝塞尔曲线插值",自定义路径的形状,如图7-2-28所示。

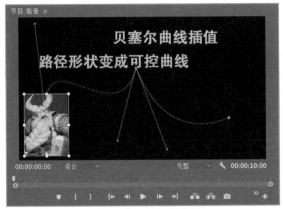

图7-2-28 贝塞尔曲线插值

这个案例的完成效果是人物穿越时空出现在同一个画面中。难点在于前期的拍摄,需要保持拍摄装备固定不动一次性完成拍摄,如果分两次拍摄会出现位置上的不同与颜色的偏差。

**01** 在D盘的Premiere Pro文件夹内,创建一个"我的兄弟"文件夹,将素材文件复制进去。

启动Premiere Pro新建项目,项目名称为"我的兄弟",位置指定到刚才创建的"我的兄弟"文件夹,如图7-3-1所示。

图7-3-1 新建项目——我的兄弟

**02** 将素材拖到时间轴上创建序列,然后按空格键预览素材,看到整段素材由三个动作组成,如图7-3-2所示。

图7-3-2 新建序列

**03** 我们需要三段15秒的素材用于制作短片。在项目面板新建一个调整图层,然后拖到轨道2,将持续时间调整到15秒,如图7-3-3所示。

图7-3-3 创建持续时间为15秒的调整图层

**04** 精挑素材。按住Alt键将调整图层拖动并复制两个，生成3段15秒的调整图层，配合入点与出点可以精确地查找每段素材最佳的前后位置。

经过查找，第一段素材的初始位置在1秒15帧处；第二段素材的初始位置在33秒10帧处；第三段素材的初始位置在59秒2帧处，如图7-3-4所示。

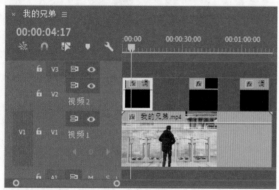

图7-3-4 调整图层

**05** 按键盘的Shift+↑/↓方向键，标记出第一段调整图层的入点与出点，如图7-3-5所示。

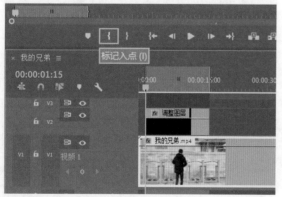

图7-3-5 设定入点与出点

**06** 提取剪辑。在菜单栏选择"序列">"提升"将第一段素材进行剪切，如图7-3-6所示。

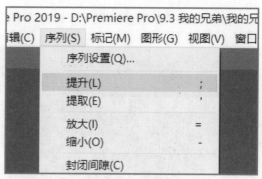

图7-3-6 提升剪辑

**07** 新建一个HDV 720p的序列，序列名称命名为"三段素材"。按Ctrl+V快捷键粘贴素材，如图7-3-7所示。

图7-3-7 新建序列——三段素材

**08** 标记出第二段素材的入点与出点，继续执行"序列">"提升"，将第二段素材进行剪切，如图7-3-8所示。

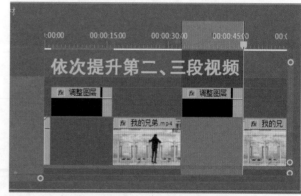

图7-3-8 提升剪辑

**09** 粘贴到轨道2。关闭轨道1的V1，单击轨道2的V2。然后按Ctrl+V快捷键，这样素材只会粘贴到轨道2，如图7-3-9所示。

以V2轨道为目标切换轨道，只能粘贴到V2轨道上。同理，如果选择V3素材，只能粘贴到V3轨道上。

图7-3-9　粘贴到V2轨道

**10** 绘制蒙版。选择轨道2的素材，进入效果控件，在不透明度下，选择钢笔工具绘制遮罩。

注意绘制的时候，不要破坏轨道1图层上的人物并且绘制完成后只有一个蒙版（不要出现蒙版2和蒙版3这些多余的蒙版），绘制完成，看到两个人物已经叠加到一个画面上，如图7-3-10、图7-3-11所示。

图7-3-10　绘制蒙版

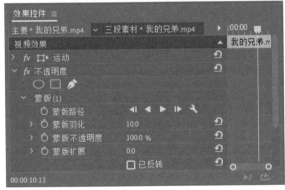

图7-3-11　蒙版参数

**11** 同理制作第三段素材并绘制蒙版，完成效果，如图7-3-12所示。

图7-3-12　绘制蒙版

**12** 按重音符号键`，将节目监视器面板最大化显示。预览视频并检查遮罩是否出现穿帮问题，如图7-3-13所示。

图7-3-13　查看制作效果

**13** 修补视频。当我们自己去拍摄视频的时候，难免会遇到瑕疵或穿帮的部位，我们要学习如何处理。

新建两条新视频轨道，然后将要做补丁的视频素材按住Alt键复制一份，放置到轨道4。然后右击选择"帧定格选项"将视频素材静止成一张图片，如图7-3-14所示。

图7-3-14　帧定格选项

**14** 将需要修改的地方绘制遮罩进行修补,可以适当增加蒙版的羽化值以更好地融合画面,如图7-3-15、图7-3-16所示。

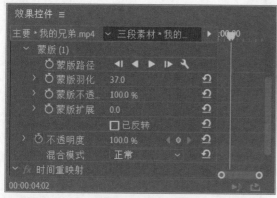

图7-3-15　添加羽化

图7-3-16　修补穿帮区域

**15** 整体调色。在项目面板新建一个调整图层,然后将其放置到轨道5。

在效果面板搜索Mojo,将其添加到轨道5的调整图层上,如图7-3-17所示,Mojo为魔术子弹包插件。

图7-3-17　添加Mojo

**16** 模拟电影质感。Mojo可以快速模拟电影质感。Mojo在Preset下面有大量预设,可以选择加载一个。最后可以将Strength(输出强度)调整为50%,让效果不是那么强烈,如图7-3-18所示。

图7-3-18　Mojo预设

**17** 按键盘的Ctrl+M快捷键输出影片,命名为"我的兄弟最终效果"。最后希望大家开阔思维,拍摄出更多有意思的视频,如图7-3-19所示。

图7-3-19　更多尝试

## 7.4 时间静止

**01** 在D盘的Premiere Pro文件夹内，创建一个"时间静止"文件夹，将素材文件复制进去。

启动Premiere Pro新建项目，项目名称为"时间静止"，位置指定到刚才创建的"时间静止"文件夹，如图7-4-1所示。

图7-4-1　新建项目——时间静止

**02** 将素材拖到新建项上创建序列，按空格键预览素材看到整段视频打了两次响指。第一次出现在3秒1帧；第二次出现在7秒10帧。

使用"添加标记"分别对这两个点进行标记，计划在这两次响指中间处的4秒设置时间静止，如图7-4-2、图7-4-3所示。

图7-4-2　响指位置添加标记

图7-4-3　预览画面

**03** 制作蒙版。按Alt键将素材拖动复制到轨道2，当 处于3秒1帧时，使用 绘制遮罩将人物抠出，如图7-4-4、图7-4-5所示。

图7-4-4　复制素材

图7-4-5　添加蒙版

**04** 回到轨道1，在第一个标记处，使用剃刀工具将素材断开，如图7-4-6所示。

图7-4-6　断开素材

**05** 在时间标尺上右击，在弹出的快捷菜单中，选择"转到下一个标记"将播放指示器转跳到7秒10帧处，然后将断开的素材拖动对齐到7秒10帧处，如图7-4-7所示。

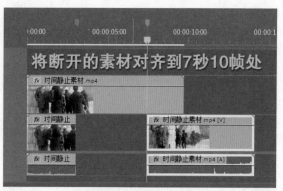

图7-4-7　调整素材位置

**06** 激活轨道1的 👁 ，将 🔺 拖到3秒处，选择节目监视器面板，单击"导出帧"。将当前帧保存为一张静止图片，保存格式为JPEG，如图7-4-8所示。

图7-4-8　导出帧

**07** 将刚才的JPEG图片重新导回Premiere Pro，进行裁剪后，填充到轨道1的空余位置，如图7-4-9所示。

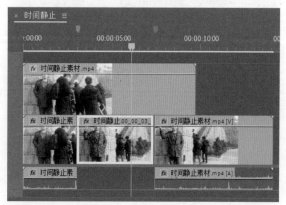

图7-4-9　空白区插补图片

**08** 裁剪多余素材。将播放指示器拖到9秒18帧处，然后将轨道1上的多余素材使用剃刀工具删除掉，如图7-4-10所示。

图7-4-10　裁剪多余素材

**09** 调整图层，在效果面板搜索Mojo将其添加到新建调整层之上。

使用Mojo对整体颜色进行微调，弥补因为断开素材可能出现的颜色偏差，如图7-4-11、图7-4-12所示。

图7-4-11　Mojo调色

图7-4-12　添加Mojo完成效果

**10** 按Ctrl+M快捷键输出影片，命名为"时间静止"。最后希望大家开阔思维，拍摄出更多有意思的"时间静止"效果，如图7-4-13所示。

图7-4-13　更多"时间静止"效果

## 7.5 时间扭曲

在这个案例中学习使用Premiere Pro修改剪辑的速度和持续时间。可使用以下选项：速度与持续时间、时间重映射功能。

### 7.5.1 速度与持续时间

首先学习调节剪辑持续时间。在时间轴面板选择一个剪辑，右击，在弹出的快捷菜单中选择"剪辑速度/持续时间"，如图7-5-1所示。

图7-5-1　"速度与持续时间"对话框

（1）如果将"速度"的100%改为50%，那么素材持续时间会增加一倍，同理改为200%那么素材持续时间会减半。

（2）修改"持续时间"可以将素材精准缩放到所设定的时间。

（3）要倒放素材，请选中"倒放速度"。

（4）选择光流法可以使用帧分析和像素动作估计来创建全新的视频帧，从而形成更平滑的速度变化、时间重映射和帧速率转换。

例如，如果有一个25fps的素材，想要将它导出为60fps的媒体且不是简单重复每个帧的方式，则可以在"导出设置"的"时间插值"下拉菜单中选中"光流法"选项，从而导出该媒体，如图7-5-2所示。

图7-5-2　导出时间插值媒体

## 7.5.2 时间重映射：加速/减速

**01** 创建项目文件夹。在D盘的Premiere Pro文件夹内，创建一个"时间扭曲"文件夹。将素材文件复制进去，启动Premiere Pro，新建项目命名为"时间扭曲"。

我们看到Premiere Pro文件夹下面，已经有了很多子文件夹。但是由于一直整理得当，使我们可以很方便地回到之前的项目文件，并对其重新编辑，如图7-5-3所示。

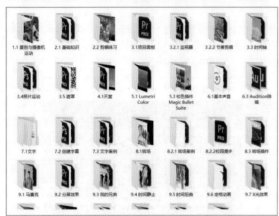

图7-5-3 整理好的项目文件夹

**02** 这个案例学习时间重映射。本质上就是通过扭曲时间，调整视频节奏，最后配合音乐以达到突出主体的效果。

将素材"航拍大门"拖到新建项上以素材的属性新建序列，在项目面板可以看到这个源素材的帧速率是59.94（60）fps，如图7-5-4所示。制作时间重映射时，尽量选取高帧速率的视频。这样在减速效果下可以减少视频卡顿与不流畅。

图7-5-4 航拍大门

**03** 选择时间轴上的素材，在 *fx* 处右击选择"时间重映射">"速度"，将白色的速度线显示在轨道上，如图7-5-5所示。

图7-5-5 调出速度线

**04** 按键盘的回车键渲染素材，然后按空格键播放素材，看到这是一段航拍素材，从大门口开始俯视拍摄一直到红色大楼处停止。

进入效果控件，在"时间重映射"下面展开"速度"，在54帧处创建第一个速度关键帧；在9秒处创建第二个速度关键帧。两个关键帧中间的时间用于视频加速，如图7-5-6所示。

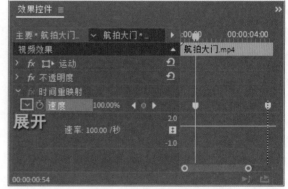

图7-5-6 展开速度关键帧

**05** 向上拖动两个关键帧中间的白线（橡皮带）将数值调节为250%左右，播放序列看到中间部分进行了加速，同时剪辑因为速度的变化导致整体时间也发生了变化，如图7-5-7所示。

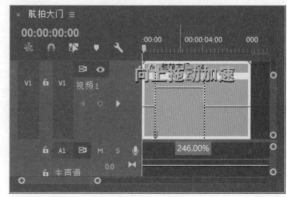

图7-5-7 向上加速

**06** 默认的过渡效果非常生硬，所以可以将速度关键帧拆分为两半，分别作为速度变化的过渡开始和结束的关键帧。

橡皮带上还会出现调整手柄，位于速度变化过渡的中间位置，如图7-5-8所示。

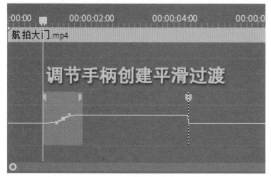

图7-5-8　创建平滑过渡

**07** 在视频加速处添加转场音效，给观众带来视觉与听觉的双重冲击。时间扭曲效果到这里制作完成，如图7-5-9、图7-5-10所示。

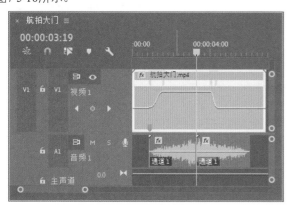

图7-5-9　添加音频

图7-5-10　视频加速完成效果

**08** 补充操作：在素材上创建一个"速度关键帧"后可以使用如下操作。

（1）将橡皮带向上拖动可以加速某个区间，同理

向下为减速，如图7-5-11所示。

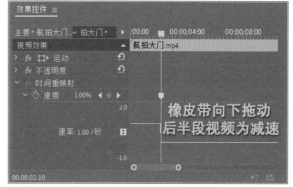

图7-5-11　减速效果

（2）按住Shift键进行拖动，将速度变化值限制在5%的增量。

（3）按住Shift键向左或向右拖动速度关键帧，更改速度关键帧左侧的速度。

（4）要创建速度过渡，请向右拖动速度关键帧的右侧一半，或向左拖动左侧一半。

（5）要更改速度变化的加速或减速，请拖动曲线控件上的任何一个手柄。速度变化将根据速度斜坡曲率缓入或缓出。

（6）要恢复过渡速度变化，请选择速度关键帧中不需要的那一半，并且按Delete键。

### 7.5.3　时间重映射：倒放/冻结

**01** 将素材"骑车慢行"拖到新建项上创建新序列，播放序列看到这是一个女孩骑自行车前行的片段，如图7-5-12所示。

图7-5-12　骑车慢行

**02** 选择时间轴上的素材，在 *fx* 处右击，在弹出的快捷菜单中，选择"时间重映射">"速度"，显示出速度线，如图7-5-13所示。

图7-5-13　速度橡皮带

**03** 在12秒4帧时，选择素材进入效果控件，在"时间重映射"下面展开"速度"，单击创建一个速度关键帧，如图7-5-14所示。

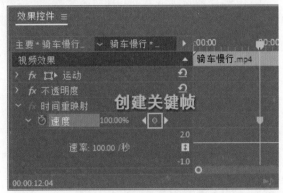

图7-5-14　创建速度关键帧

**04** 按住Ctrl键向右拖动速度关键帧，节目监视器变成了两个窗格：左边为开始拖动所在的静态帧，右边为动态更新的帧（倒放将在返回到此帧后切换到正放速度），所以只需要监视右边窗口即可，如图7-5-15所示。

图7-5-15　节目监视器

**05** 回到效果控件看到速度关键帧由1个变成了3个。第1到第2个关键帧之间全速倒放，第2到第3个关键帧之间全速正放，最终返回运动开始所在的帧，如图7-5-16所示。

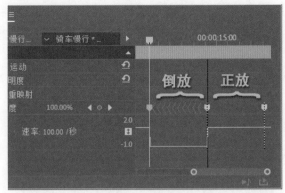

图7-5-16　倒放/正放

**06** 如果对于速度关键帧的位置不满意，可以按住Shift键对关键帧的位置进行微调，如图7-5-17所示。

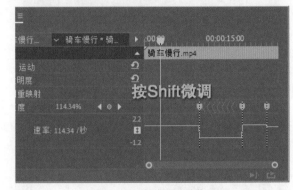

图7-5-17　调节关键帧位置

**07** 微调时间。将第1个关键帧-56.03%位置调节到10秒5帧；将第2个关键帧202.37%位置调节到15秒6帧；将第3个关键帧100%位置调节到18秒7帧。

　　播放视频看到10秒5帧开始倒放，直到15秒6帧倒放结束，3秒1帧后加速正放回到初始帧，如图7-5-18所示。

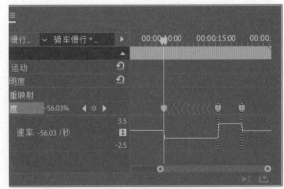

图7-5-18　微调时间

**08** 冻结画面。将播放指示器拖到2秒7帧，在速度上重新创建一个速度关键帧，如图7-5-19所示。

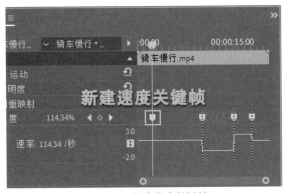

图7-5-19 新建速度关键帧

**09** 按住Ctrl+Alt键向右拖动速度关键帧。速度关键帧一分为二，两个关键帧之间的区域为时间静止区域，如图7-5-20所示。

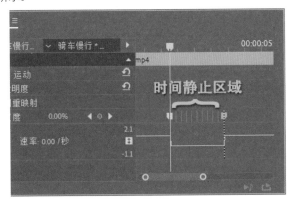

图7-5-20 时间静止

**10** 在时间轴上出现"时间静止"与"时间倒放"的标志，如图7-5-21所示。

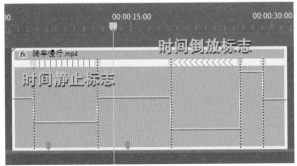

图7-5-21 静止与倒放标志

## 7.6 定格动画

**01** 创建项目文件夹。在D盘的Premiere Pro文件夹内，创建一个"定格动画"文件夹。将素材文件复制进去。

启动Premiere Pro新建项目，项目名称为"定格动画"，将位置指定到刚才创建的"定格动画"文件夹，如图7-6-1所示。

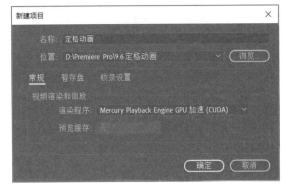

图7-6-1 新建项目——定格动画

**02** 管理项目。导入素材"原始视频"，然后将其拖到时间轴上创建序列。单击"新建素材箱"分别命名为"图片""序列""视频"，最后分别将素材和序列拖到相应的文件夹当中，如图7-6-2所示。

图7-6-2 整理项目文件夹

**03** 浏览播放视频，这个视频是在海边拍摄的，最大的问题是画面在抖动，如图7-6-3所示。

图7-6-3 拍摄视频画面抖动

**04** 处理画面抖动。在效果面板输入"稳定"，找到"变形稳定器"添加给素材，如图7-6-4所示。

图7-6-4 添加变形稳定器

**05** 调节"变形稳定器"的参数（注意"变形稳定器"要求视频尺寸与序列相匹配，也就是不能在效果控件将视频缩放）。将结果由"平滑运动"修改为"不运动"，其他参数设置如图7-6-5所示。

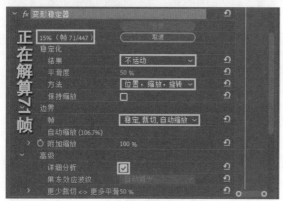

图7-6-5 变形稳定器设置

**06** 等"变形稳定器"自动解算完成之后，可以看到画面被稍微变形放大，但是已经达到了画面稳定的效果。

"变形稳定器"这个滤镜解算完成会占用大量系统资源，按Ctrl+M快捷键将其渲染输出，输出名称为"添加稳定"，输出格式为"H.264"，如图7-6-6所示。

图7-6-6 正在解算

**07** 新建一个HDV 720p30序列，命名为"定格动画"，

如图7-6-7所示。

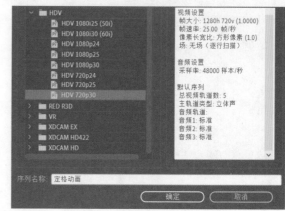

图7-6-7 新建序列——定格动画

**08** 将视频"添加稳定"拖到新序列之上，在弹出的对话框选择"保持现有设置"。缩放其大小为33.5%，在5秒15帧处裁剪素材，将之前多余部分删除，如图7-6-8所示。

图7-6-8 调整视频大小与持续时间

**09** 重新整理项目面板，将各个文件拖到相应的文件夹当中，如图7-6-9所示。

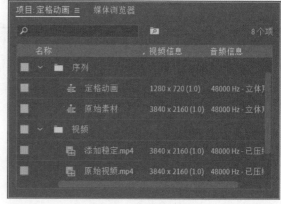

图7-6-9 整理项目面板

**10** 我们需要在画面中选出4帧作为定格关键帧，选择帧的时候要注意避开开始与结尾处、帧的间距尽量保持统一以及选择有特色的帧。

分别在2秒6帧、3秒14帧、4秒20帧、6秒26帧处添加标记点，如图7-6-10所示。

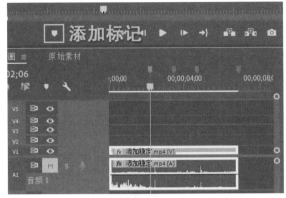

图7-6-10　添加标记

**11** 使用"转到上一个标记"命令，转跳到2秒6帧。单击"导出帧"，保存成JPEG图片，依次导出4张图片，如图7-6-11所示。

图7-6-11　导出定格关键帧

**12** 打开Photoshop软件，使用钢笔工具将人物仔细抠出来，如果抠像不细致，展现在视频中的图像会出现白色的边缘，抠图完成保存带Alpha通道的PNG格式，如图7-6-12所示。

图7-6-12　使用Photoshop抠图

**13** 将抠像完成的4张PNG格式的图片导入，放置到图片素材箱里，如图7-6-13所示。

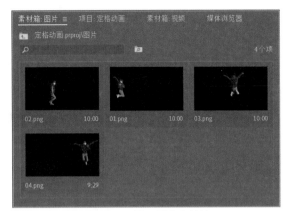

图7-6-13　导入图片素材箱

**14** 默认时间轴只有3条视频轨道，我们在轨道的空白处右击，在弹出的快捷菜单中，选择"添加轨道"，如图7-6-14所示。

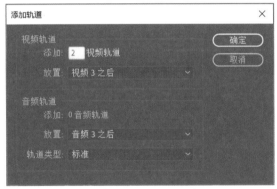

图7-6-14　添加两条视频轨道

**15** 在序列的时间标尺上右击，在弹出的快捷菜单中，选择"转到下一个标记"命令，跳转到2秒5帧。将"01.png"拖到轨道2。使用波纹编辑工具 调整图片的持续时间为2秒6帧，如图7-6-15所示。

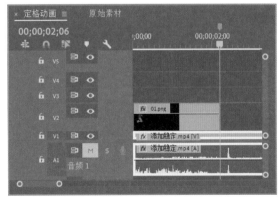

图7-6-15　调整图片持续时间

**16** 将"02.png"拖到轨道3，调整图片的持续时间为3秒14帧；将"03.png"拖到轨道4，调整图片的持续时间为4秒20帧；将"04.png"拖到轨道5，调整图片的持续时间为6秒26帧，如图7-6-16所示。

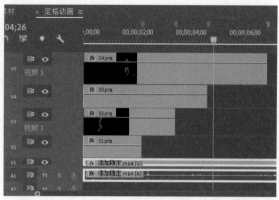

图7-6-16　调整图片持续时间

最后讲一下这个案例的拍摄技巧：要确保摄像机与人物的行进路线保持平行，人物在行走的过程中不会变大。

定格帧的选择尽量不要选择脚踩地的帧，因为这样还需要在Photoshop中抠出地面阴影，所以建议大家直接跳过这一帧，完成效果如图7-6-17所示。

图7-6-17　实拍技巧

# 7.7　X光效果

**01** 创建项目文件夹。在D盘的Premiere Pro文件夹内，创建一个"X光效果"文件夹。将素材文件复制进去。

请不要图省事将文件夹创建在桌面，桌面创建的文件夹实际是在一个非常深的根目录之下，项目文件过大时会导致卡顿甚至崩溃，增加一系列不必要的系统负担，如图7-7-1所示。

图7-7-1　项目文件夹创建在桌面的目录

**02** 启动Premiere Pro新建项目，命名为"X光效果"，位置指定到刚才创建的"X光效果"文件夹，如图7-7-2所示。

图7-7-2　新建项目——X光效果

**03** 将"抠像素材"拖到新建项上创建序列。播放剪辑看到画面中手机的屏幕为绿色，我们要将这块绿色进行抠除，如图7-7-3所示。

图7-7-3　预览素材

**知识补充** 抠像中常用蓝色或者绿色作为要抠除的颜色，使用蓝色是因为人的皮肤没有蓝色素，使用绿色是因为有些演员的眼睛为蓝色。

**04** 在效果面板搜索"超级键"，将其添加到剪辑上，如图7-7-4所示。

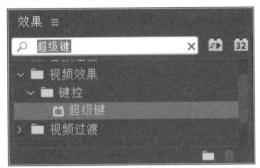

图7-7-4 超级键

**05** 进入效果控件面板的"超级键"中，"主要颜色"下单击吸管工具，吸取要屏蔽的颜色，如图7-7-5所示。

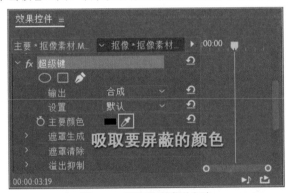

图7-7-5 吸取要屏蔽的颜色

**06** 使用吸管单击节目监视器面板中的绿色部分后，看到这个区域已经变黑，如图7-7-6所示。

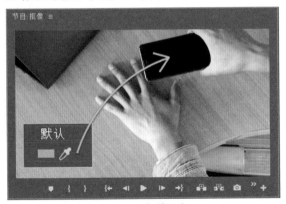

图7-7-6 抠除绿色

**07** 如果单击"设置"勾选"透明网格"选项，看到吸取实际上是将颜色进行了抠除，如图7-7-7所示。

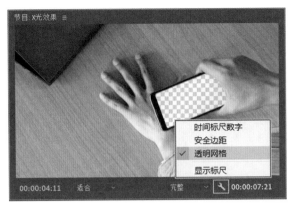

图7-7-7 透明网格

**08** 将网上下载的"手"的素材拖到轨道2，网上下载的手的大小一般很难与我们自己拍摄的素材相吻合，所以要使用Photoshop的"自由变换"命令，进行"变形"处理，如图7-7-8所示。

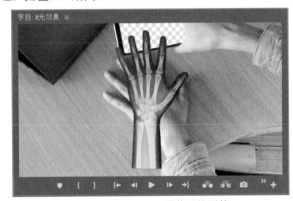

图7-7-8 Photoshop调整手的形状

**09** 效果控件参数调节如下，将"手"的位置进行完美匹配，如图7-7-9、图7-7-10所示。

图7-7-9 调整运动属性

图7-7-10 对位完成效果

**10** 位置匹配完成后，将轨道1与轨道2的素材互换，单击"设置"取消勾选"透明网格"，看到X光效果制作完成，如图7-7-11、图7-7-12所示。

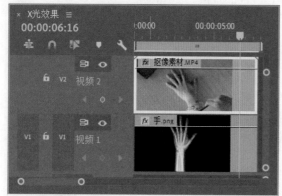

图7-7-11 调整剪辑所在的轨道位置

图7-7-12 最终完成效果

# 7.8 白天转黑夜

**01** 创建项目文件夹。在D盘的Premiere Pro文件夹内，创建一个"白天转黑夜"文件夹。将素材文件复制进去。

启动Premiere Pro新建项目，命名为"白天转黑夜"，位置指定到刚才创建的"白天转黑夜"文件夹中，如图7-8-1所示。

图7-8-1 新建项目——白天转黑夜

**02** 将"白天转黑夜"拖到新建项上创建序列，浏览剪辑效果，蓝色天空下有一个小屋，如图7-8-2所示。

图7-8-2 预览剪辑

**03** 制作天空变暗的效果，新建调整层，将其放置到轨道4，如图7-8-3所示。

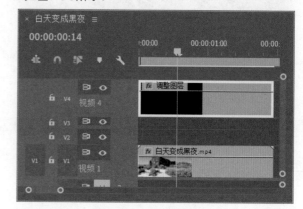

图7-8-3 轨道4添加调整层

**04** 进入调整层的效果控件，在不透明度属性下单击"钢笔工具"绘制遮罩，如图7-8-4所示。

图7-8-4 绘制遮罩

**05** 如果绘制遮罩时，没有显示遮罩轮廓线，可以单击"设置" > "显示传送控件"，如图7-8-5所示。

图7-8-5 遮罩轮廓线问题

**06** 羽化蒙版。调节参数让蒙版的边缘更加柔和，参数调节如图7-8-6所示。

请注意羽化蒙版前，检查是否羽化了蒙版（1），新手绘制遮罩时经常绘制出蒙版（2）与蒙版（3），请将错误的遮罩进行删除。

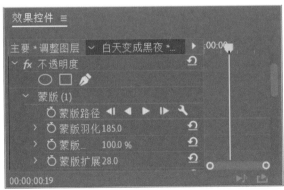

图7-8-6 调整遮罩参数

**07** 进入Lumetri Color面板调暗天空颜色，调节参数如图7-8-7所示，完成效果如图7-8-8所示。

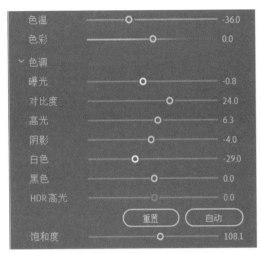

图7-8-7 Lumetri Color参数

图7-8-8 调暗天空颜色完成效果

**08** 调暗场景。选择轨道1的"剪辑"，在Lumetri Color面板调节参数，如图7-8-9、图7-8-10所示。

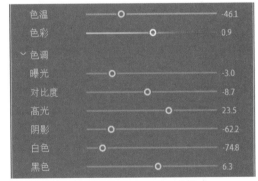

图7-8-9 Lumetri Color参数

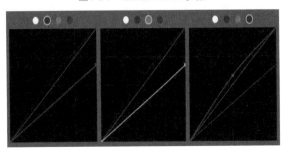

图7-8-10 调节曲线

**09** 调节完成效果如图7-8-11所示。

图7-8-11　调暗场景完成效果

**10** 在效果面板搜索"光照效果"，将其添加到轨道1的剪辑上，展开"光照1"添加一个"平行光"，光照颜色的RGB值为96、96、236，其余参数调节如图7-8-12所示。

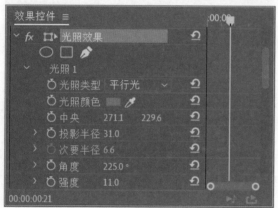

图7-8-12　光照效果

**11** 展开"光照2"，光照类型改为"全光源"，光照颜色的RGB值为255、150、0，其余参数调节如图7-8-13所示。

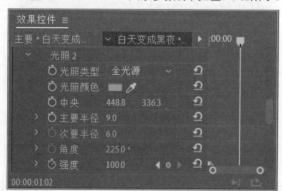

图7-8-13　光照效果

**12** 灯光参数设置完成后，看到屋内已经正确透射出黄光，效果如图7-8-14所示。

图7-8-14　添加光照后的效果

**13** 制作开灯动画。将▉拖到第3帧，单击"强度"前面的🕐，设置一个关键帧，将▉拖到第2帧处，设置强度值为0，这样就制作了一个开灯的动画效果，如图7-8-15所示。

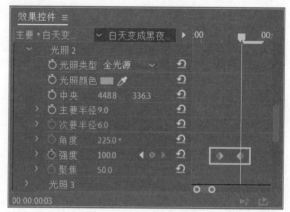

图7-8-15　设置强度关键帧

**14** 制作窗户灯光。观察画面看到窗户的灯光太暗，不足以照亮整个场景。

在项目面板重新拖动一个源素材放置到轨道2，并改名为"窗户"，如图7-8-16所示。

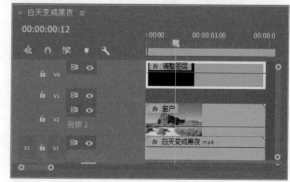

图7-8-16　在V2轨道制作右侧窗户

**15** 选择轨道2的剪辑，将█拖到第0帧处，在"不透明度"下单击钢笔工具█绘制蒙版，如图7-8-17所示。

为了方便绘制蒙版。可以临时关闭所有的Lumetri Color颜色面板。

图7-8-17 绘制蒙版

**16** 视频中的窗户是运动的，单击"向前追踪所选蒙版"，追踪出蒙版的运动路径，如图7-8-18所示。

图7-8-18 追踪蒙版

**17** 调节窗户颜色。在Lumetri Color面板调整色温、饱和度，使窗户颜色变暖，参数调节如图7-8-19所示，完成效果如图7-8-20所示。

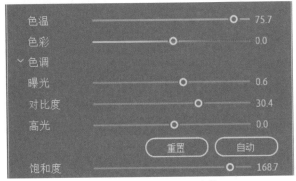

图7-8-19 Lumetri Color参数

图7-8-20 灯光完成效果

**18** 灯光从第0帧出现过于突兀，将█拖到第3帧，选择轨道2的窗户，单击█设置关键帧，将█拖到第2帧，将不透明度值由100调节为0，如图7-8-21所示。

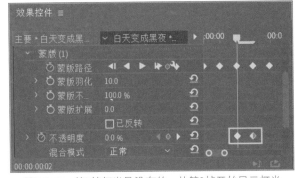

图7-8-21 第2帧灯光是没有的，从第3帧开始显示灯光

**19** 再从项目面板拖动一个源素材放置到轨道3，用于制作另一个窗户，操作同上，效果如图7-8-22所示。

图7-8-22 制作第二扇窗户

**20** 制作白天转黑夜过渡。在第0帧处单击"导出帧"导出一张JPEG格式的静止图片，命名为"调色"，如图7-8-23所示。

图7-8-23 导出调色帧

**21** 制作转场过渡。首先关闭"Lumetri Color颜色"与"光照效果",然后将V4轨道的👁关闭。

在第0帧处单击"导出帧",命名为"原始",如图7-8-24所示。

图7-8-24 导出原始帧

**22** 框选之前的所有剪辑,统一将其调后1秒,然后将"原始.jpg"放置到轨道2,将"调色.jpg"放置到轨道1,如图7-8-25所示。

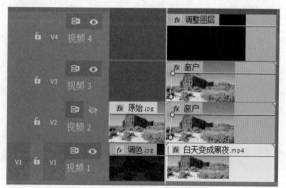

图7-8-25 将剪辑统一调后1秒

**23** 选择轨道2的"原始.jpg",在效果面板搜索"径向擦除",添加到图片之上。

将👆拖到8帧处,单击擦除中心前面的⏱,设置一个关键帧,其余参数调节如图7-8-26所示。

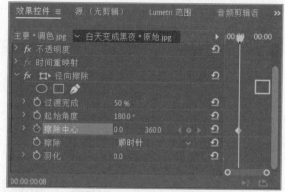

图7-8-26 添加径向擦除

**24** 将👆拖到24帧处,将擦除中心的数值调节为1310、360,生成第二个关键帧,如图7-8-27所示。完成效果如图7-8-28所示。

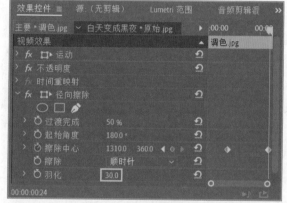

图7-8-27 遮罩关键帧

图7-8-28 完成效果

这样一个白天转黑夜的效果就制作完成了。

# 第8章  短片制作

影视剪辑应做到视听语言准确、镜头语言通顺和影片节奏明快流畅，使导演的意图和演员的表演得以充分展现，使观众乐于接受，易于看懂影片内涵。通过剪辑也可以进一步加强感染力和表现力，使影片风格样式从内容到形式取得和谐统一，最终实现全片结构严谨、语言准确、节奏明快、主体鲜明，达到再现生活的目的。

概括地说，影视剪辑是对影片结构、语言、节奏等进行最后的塑造。

## 8.1.1　蒙太奇简介

蒙太奇来自法语montage，是电影工作者从建筑学上借用来的名词，原本是"安装、组合、构成"的意思。影视画面的组接所采用的基本语法就是蒙太奇。

### 1）蒙太奇的主要功能

（1）通过镜头、场面、段落的切分与组接，对素材进行选择和取舍，使表现内容主次分明，达到高度的概括和集中。

（2）引导观众的注意力，激发观众的联想。每个镜头虽然只表现一定的内容，但组接一定顺序的镜头，能够规范和引导观众的情绪和心理，启迪观众思考。

（3）创造独特的影视时间和空间。每个镜头都是对现实时空的记录，经过剪辑，实现对时空的再造，形成独特的影视时空。

（4）使影片自如地交替转换叙述的角度，例如从作者的客观叙述到人物内心的主观表现，或者通过人物的眼睛看到某种事态。没有这种交替使用，影片的叙述就会显得单调笨拙。

（5）通过镜头运动的节奏影响观众心理。

蒙太奇具有叙事和表意两大功能，可以分为叙事蒙太奇、表现蒙太奇和理性蒙太奇三种基本类型，并且在此基础上还可以对其进行进一步的划分。

### 2）叙事蒙太奇

叙事蒙太奇也称连续蒙太奇，是影视片中最常用的一种叙事方法。它的特征是以交代情节、展示事件为主旨，按照情节发展的时间流程、因果关系来切分组合镜头、场面和段落，从而引导观众理解剧情。这种蒙太奇组接脉络清楚，逻辑连贯，明白易懂。叙事蒙太奇又可以细分为以下几种类别。

**01 平行蒙太奇：** 也称并列蒙太奇，将不同时空（或同时异地）发生的两条或两条以上的情节线索并列表现，虽然分别叙述但却统一在一个完整的结构之中。它的表现形式可以采取依次分叙的方式，也可以采用交替分叙的方式。

电影《功夫熊猫》中，熊猫阿宝参加比武大会因迟到被关在门外，使用平行蒙太奇穿插叙述，一方面表现大会热闹喧哗的气氛，另一边展现阿宝想尽办法进入会场，同时异地展开叙述，使剧情互相呼应，如图8-1-1所示。

图8-1-1　平行蒙太奇

**02 交叉蒙太奇：** 将同一时间、不同空间发生的两条或数条情节线索迅速而频繁地交替剪辑在一起，其中一条线索的发展往往影响另外的其他线索，各条线索相互依存，最后汇合在一起。

电影《功夫熊猫》中，老虎带领众人赶到桥头阻止雪豹过桥，另一边雪豹也准备过桥，从而发成冲突。这里将两个内容不同的镜头，按照故事的情节展开，利用同一时间和不同空间内容的镜头，交叉地组接起来，营造出紧张的气氛和强烈的节奏感，如图8-1-2所示。

图8-1-2　交叉蒙太奇

**03 连续蒙太奇**：沿着一条单一的情节线索，按照事情的逻辑顺序、有节奏地连续叙事，使影片结构具有良好的连贯性，自然流畅、条理分明。

电影《海洋奇缘》中，影片的开始为塔拉祖母讲述了南太平洋岛国变形者毛伊偷取"特费堤之心"的古老传说，如图8-1-3所示。

图8-1-3　连续蒙太奇

**04 颠倒蒙太奇**：这是一种打乱结构的蒙太奇方式。根据剧情需要，打破动作和情节发展的时间顺序，从现在转到过去，又从过去回到现在，在时间上做必要的颠倒。它常常通过人物的回忆，展示事情的原委，加大叙述的内容，造成叙述的跌宕。它比起平铺直叙更能设置悬念。

电影《小王子》中大量运用颠倒蒙太奇，通过小女孩观看飞行员的日记又或是飞行员自己讲述，回忆飞行员在撒哈拉沙漠遇到小王子的故事，如图8-1-4所示。

图8-1-4　颠倒蒙太奇

**3）表现蒙太奇**

表现蒙太奇也称对列蒙太奇，它是以镜头对列为基础，通过相连镜头在形式或内容上相互对照、冲击，从而产生单个镜头本身所不具有的丰富含义，以表达某种情绪或思想。其目的在于激发观众的联想，启迪观众的思考。

**01 对比蒙太奇**：将性质、内容或形式上相反的镜头并列组接，使镜头在内容、形式上形成反差，造成强烈的对比，从而表达创作者的某种意图，强化所表现的内容、情绪和思想。可以进一步细分：画面内容的对比；画面造型的对比；声音造型的对比；声画匹配的对比；内在节奏的对比。

电影《长发公主》中，公主乐佩第一次走出从小居住的高塔，既想去探索塔外的新世界，又担心母亲找不到自己，这里使用对比蒙太奇，表达了乐佩对自由的向往与焦虑的心理状况，如图8-1-5所示。

图8-1-5　对比蒙太奇

**02 抒情蒙太奇**：在保障叙事和描写的连贯性的同时，表现超越剧情的思想和感情。

短片《当汉服遇见世界》中，第一个镜头为远景拍摄身穿淡粉色衣服的少女，下一个镜头拍摄盛开的樱花，樱花与剧情无关，隐喻少女如同樱花般美丽，如图8-1-6所示。

图8-1-6　抒情蒙太奇

**03 心理蒙太奇**：也称回忆蒙太奇，人物心理描写的重要手段，通过画面镜头组接或声画有机结合，形象生动地展示出人物的内心世界，常用于表现人物的梦境、回忆、闪念、幻想、思索等精神活动。

电影《狮子王》中，辛巴在法师拉飞齐的引导下，与父亲的灵魂会面，探索自己的内心世界，使其重获勇气决心复国，如图8-1-7所示。

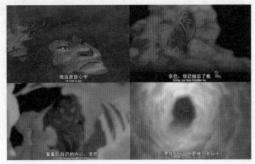

图8-1-7 心理蒙太奇

**04 隐喻蒙太奇：**也称比喻蒙太奇，通过镜头或场面进行对比，含蓄而形象地表达创作者的某种寓意。但是运用这种手法必须谨慎，隐喻与叙述应有机结合，避免生硬牵强。

电影《千与千寻》中，千寻的父母吃了供奉神明的食物后变成了猪，隐喻身心都被贪婪所蚕食。影片想要告诉我们现代社会一个人应该做到保持自己的本心，不要被表面的美好所诱惑，生贪婪之心必然会万劫不复，如图8-1-8所示。

图8-1-8 隐喻蒙太奇

**4）理性蒙太奇**

理性蒙太奇通过画面之间的关系，而不是通过单纯的一环接一环的连贯性叙事表情达意。理性蒙太奇与连贯性叙事的区别在于，即使它的画面属于实际经历过的客观事件，按这种蒙太奇组合在一起的事实总是主观视像。这类蒙太奇可以细分为"杂耍蒙太奇""反射蒙太奇"和"思想蒙太奇"。

### 8.1.2 蒙太奇句型

在电影/电视剧中，由一系列镜头有机组合而成的逻辑连贯、富有节奏、含义相对完整的影视片段即为蒙太奇句型。

**01 前进式句型：**按全景→中景→近景→特写的顺序组接镜头。景别由远及近发生变化，从大到小、从整体到局部，是一种逐步递进的逻辑关系。

电影《功夫熊猫》中，熊猫阿宝观看美美跳舞就是一个标准的前进式句型，通过熊猫美美的表情动作，不断加强对观众的视觉刺激，将观众的注意力，从总体环境逐渐引向要展现的具体兴趣点，如图8-1-9所示。

图8-1-9 前进式句型

**02 后退式句型：**按特写→近景→中景→全景的顺序组接镜头。景别由近向远变化。在逼近事物，探究事物的本质之后，还要使观众从那种探究的状态中解脱出来。

后退式句型在一开始就将最精彩和最具戏剧性的内容展现出来，造成先声夺人的效果，进而再交代环境和事件、动作的全貌。

电影《飞屋环游记》中，卡尔·弗雷德里克森被艾丽授予"探险者徽章"后，两人开始探索整个房屋全貌，如图8-1-10所示。

图8-1-10 后退式句型

**03 环形句型：**由远视距景别开始，按全景→中景→近景→特写→近景→中景→全景的顺序组接镜头。或由近视距景别开始，按照特写→近景→中景→全景→中景→近景→特写组接镜头。

这种句型就是把前进式句型和后退式句型结合起来交替使用所形成的句型。该句型引导观众情绪发生波浪式变化，镜头的景别由大到小再到大，形成一种逐步变化、反向对称、首尾呼应的镜头结构关系。

电影《功夫熊猫3》中，阿宝与父亲重逢，回到熊猫乐土，首先使用前进式句型观看阿宝小时候与母亲的照片，然后使用后退式句型开始回忆往事，如图8-1-11所示。

图8-1-11 环形句型

**04 片段式句型：** 这种句型主要以景别的过渡作为镜头组接依据，按照事件发展的时空或逻辑顺序，将完整事件过程中的几个关键镜头组接起来，用简洁的画面来概括整个事件的全貌。

片段式句型打破了前面的三种句型。影视剧、纪录片以及一般的电视新闻大都是片段式的镜头组接，但要注意选取片段的典型性和片段组接的逻辑性，还要合理利用解说词或新闻稿等将事件清晰展现。

以《芒果都市》的新闻快报为例，湖南益阳两名男子坐在警车盖上拍抖音，被警方发现拘捕，这几个镜头本身没有关系，但是组合起来交代了整个事件的全过程，如图8-1-12所示。

图8-1-12 片段式句型

**05 积累式句型：** 积累式句型由一组性质相同或相似的镜头构成，表现同一主体或不同主体的行动，目的在于通过视觉积累加深印象，表现情绪或者表达思想，从而突出一个主题。它既是叙事的方式，也是表现的方式。积累式句型又可以分为两种类型：

同一主体的积累式句型：其主要特征是相组接的镜头景别相似，通过不同角度描述事情。

电影《勇敢传说》中，梅莉达公主的母亲，不厌其烦地教导梅莉达如何做一个完美的好公主，就是一个标准的积累式蒙太奇，如图8-1-13所示。

不同主体的积累式句型：通过相似的动作来完成

组合。

电影《怪兽工场》中，怪兽们在吓唬小孩之前都在做各自的准备工作，有的亮出爪子、有的刷亮牙齿，就是一个不同主体的积累式句型，如图8-1-14所示。

图8-1-13 同一主体的积累式句型

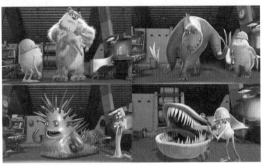

图8-1-14 不同主体的积累式句型

**06 跳跃式句型：** 按远景/特写→远景/特写、全景/近景→全景/近景的方式组接镜头。将景别跨度大的镜头组接在一起，运用"两极镜头"之间的视觉"跳跃"，达到震撼的视觉效果，还可以营造出"动中转静"或"静中转动"的效果。

电影《机器人瓦利》中，镜头将瓦利的视线逐步推进，看到云后的太空飞船，引起观众对飞船的好奇，如图8-1-15所示。

图8-1-15 跳跃式句型

**07 等同式句型：** 在一个句子当中景别不发生变化。

## 8.2 短片拍摄技巧

学习过景别、摄像机运动、转场与蒙太奇的知识，本节将散落在摄影、视听语言、剧本创作等各个领域的关于短片制作的必备知识进行最后的归纳。

### 8.2.1 拍摄装备

**01** 手机拍摄的特点。手机作为生活必需品，已经完全融入了我们的生活当中。合理使用手机，也可以拍摄出非常好的作品。陈可辛导演指导拍摄的短片《三分钟》，就是非常优秀的典范。

首先，我们要知道手机与摄像机拍摄视频的最大区别在于对景深的塑造，如图8-2-1所示。手机无法将人物与背景进行分离，摄像机可以轻松做到这一点。摄像机使用光学变焦，实现景深效果；手机的数码变焦功能没有那么强大，对景深的控制非常不理想，只能使用后期软件进行模拟。

近几年，双摄和三摄手机的面世，解决了这个问题，景深控制变成光线景深效果，而不是通过数字模拟的景深，大大提升了手机的视频拍摄效果。

图8-2-1 优秀的景深——美剧《权力的游戏》

**02** 手机设置。以iPhone为例，将手机录制视频的尺寸修改为1080p HD，30fps即可，如图8-2-2所示。

| ‹相机 | **录制视频** |
|---|---|
| 720p HD, 30 fps | |
| 1080p HD, 30 fps | ✓ |
| 1080p HD, 60 fps | |

1分钟视频约：
• 60 MB, 720p HD, 30 fps（节省空间）
• 130 MB, 1080p HD, 30 fps（默认）
• 175 MB, 1080p HD, 60 fps（流畅）

图8-2-2 iPhone相机设置

拍摄完成后素材传输到计算机时，要使用数据线传输，不要使用"微信"传输，因为微信会自动将画面在传输的过程中强制压缩到960×544。

**03** 手机拍摄视频时，建议关闭自动对焦/曝光，这样在推拉摇移时，可以减少画面闪烁，如图8-2-3所示。

图8-2-3 关闭自动对焦/曝光

**04** 手机拍摄视频技术要点：

（1）双臂加紧屏住呼吸，缓慢而匀速地进行运动拍摄。请注意使用手机拍摄时，被摄主体的运动过于剧烈，会使视频产生跳帧的问题。

（2）拍摄运动事物时，将"被摄主体"稳定到画面中心可以极大减少画面抖动。

（3）镜头好坏的第一要素是画面稳定。很多人第一次拍摄视频素材除了静止镜头，"运动镜头"只会使用"摇镜头"环顾周围环境，请重新学习"1.1 影视后期常用知识"，合理规划镜头。

（4）近景/中景才是我们拍摄的主要对象，远景/全景用于介绍环境背景。每个镜头固定持续时间不少于3~4秒，同时不要使用变焦距镜头。

（5）拍摄人物为主的镜头时，不要想着将周围环境都拍摄下来，后期进行裁剪，而是要想到画面内容是否进行了精简，做到了突出主体。

（6）注意尽量不要因为阳光刺眼而逆光拍摄，逆光拍摄的最大问题在于会导致人物面部过黑，增加后期校色难度。

**05** 使用手机拍摄时，前期多依靠三脚架拍摄静止镜头，后期再逐步开始尝试拍摄运动镜头。手机三脚架的选择要具备足够的高度与重量，当升起中轴时，架子不会在强风中抖动；还需要360°旋转云台，可以实现360°的全景拍摄；底部采用马蹄式防滑设计，可以拍摄出滑轨、推进等特殊效果。三脚架的价格在200元左右，如图8-2-4所示。

图8-2-4　三脚架——减少视频抖动

**06** 如果你的预算充足，也可以购买三轴稳定器，实现智能防抖与智能跟焦，如图8-2-5所示。现在市面上使用较多的是大疆的如影和智云等产品。

图8-2-5　三轴稳定器

## 8.2.2　构图

大多数传统的摄影教材都有"构图"的内容，但给读者传授的都是从世界名画中继承下来的一大串构图法则，而画面的成败与这些法则关系不大。

所以我们要研究的构图技术并不强调传统法则，而是讲解一些易于理解并实用的技术，这里推荐的是《美国纽约摄影学院摄影教材》所传授的方法。

**01** 一幅好照片必须有一个鲜明的主题（或主体），或者表现一个人，或者表现一件事情，甚至可以表现该题材的一个故事情节。主题必须明确，毫不含糊，使任何观赏者一眼就能看得出来，如图8-2-6所示。

图8-2-6　主体鲜明——正在工作的电缆检修工人

**02** 一幅好照片要把观众的注意力吸引到趣味中心——被摄主体上，换句话说，使观赏者的目光一下子就投向被摄主体，如图8-2-7所示。

图8-2-7　吸引注意力

**03** 一幅好照片必须画面简洁，只包括那些有利于把视线引向被摄主体的内容，而排除或压缩那些可能分散注意力的内容。如图8-2-8所示，就是由长焦镜头和大光圈获得的小景深效果。

图8-2-8　画面简洁

最后总结一下，当你欣赏照片时，请不要忘记三项原则（摘自《美国纽约摄影学院摄影教材》）：

（1）你认为这个画面的主题是什么？

（2）拍摄者如何把注意力集中到拍摄主体身上？

（3）拍摄者为了简化画面做了哪些？没做哪些？

**04** 黄金分割。黄金分割是指将整体一分为二，较大部分与整体部分的比值等于较小部分与较大部分的比值，其比值约为0.618。这个比例被公认是最能引起美感的比例，因此被称为"黄金分割"，如图8-2-9所示。

图8-2-9　黄金分割——游玩的女生

传说在古希腊时期，有一天毕达哥拉斯走在街上，经过铁匠铺时，他听到铁匠打铁的声音非常好听，于是驻足倾听。他发现铁匠打铁节奏很有规律，这个声音比例被毕达哥拉斯用数学的方式表达出来，也是"黄金比例"。

**05** 九宫格。在手机与摄像机取景时，为了更便捷地采用黄金分割法构图，人们将取景框从上到下，从左到右平均划分为九个格子，形成一个类似于"井"字形的结构，然后将需要表现的画面主体置于九宫格的4个交叉点之上，就可以吸引观赏者的注意力，从而达到突出主体的目的。也就是说这4个交叉点是画面中最吸引人注意力的地方，这种构图法就称为"九宫格构图"，如图8-2-10所示。

图8-2-10　让被摄主体处于九宫格的交叉点

**06** 合理运用光线。光线的好坏对视频起着举足轻重的作用。所有的光线都有以下三种特征：明暗度、方向与色彩（色温）。

室外照明：室外拍摄主要采用自然光进行照明，清晨的日出阳光偏红色，傍晚的日落光偏橙色。一般来说，在早晚的阳光下拍摄人物或者逆光背影，画面影调

丰富，气氛浓郁，大场面效果非常好。

**早晨9~10点，下午3~4点**时的光线是最好的斜射阳光，亮度稳定，照射下物体立体感强烈，质感与色彩表现感都较好，是摄像最常用的灯光。

如果中午去拍摄，这时的阳光为正午顶光，这种光线在人物的眼窝、鼻尖下及下巴会形成强烈阴影，但是拍摄有漂亮轮廓的景物时可以获得良好的效果。

室内照明：通常使用由主光、辅助光和轮廓光组成的三点照明，一个标准的"三点布光"如图8-2-11所示。

图8-2-11　经典的三点布光

## 8.2.3　画面组接原则

**01** 素材拍摄后，如何筛选的原则总结如下：剪辑时，要抓住动作、造型、时空三大因素组接镜头，达到影片内部结构的"联系性"和外部结构的"连续性"。素材选择三大原则详解如下：

**动作因素**：人物、景物动作（人物形体、语言、心理、情绪等）；摄像机运动（推、拉、摇、移、跟、升、降等）；镜头组接动作（形象排列、间接点、尺寸等）。

**造型因素**：人物造型（化妆、服装、小道具等）；环境造型（布景造型、环境气氛等）；画面造型（构图、方位、景别、角度、光影、色彩等）。

**时空因素**：镜头剧作时空（早晚、昼夜、春、夏、秋、冬的季节变化等）；镜头银幕时空（有限时空、无限时空、内容、速度、尺寸等）；镜头组接时空（直接时空、间接时空、语言、人物等）。

**02** 电影/电视画面的组接，还要遵循影视语言的语法和修辞规则。常用原则为画面内容的逻辑性，即画面的组接要符合"生活逻辑"与"思维逻辑"。

例如学生上课，首先要起床，然后穿衣服、刷牙洗脸、化妆、吃早饭，这是一个完整的生活过程，这就是一个"生活逻辑"。

"李某"平时爱慕虚荣，在某贷款网站借了8 000元人民币购买新手机，后期为了还款又去多家贷款网站多次借贷，利息滚到百万元。根据剧情发展，观众以"旁观者"的身份几乎会想到接下来会发生什么，这就是一个"思维逻辑"。

**03** 此外也要注意位置、方向和运动的匹配性：

（1）位置匹配。画面主体不同切换时，如果前一个画面主体位置在右侧，那下一个镜头的主体位置最好也要在右侧，这样可以使观众在视觉上感受到连贯与流畅。

（2）方向和运动匹配。画面中的主体运动、人物视线和人物的交流使画面具有方向性。前后镜头的方向和运动要匹配。

**04** 景别和角度的流畅性也需要关注。拍摄同一对象时，两个镜头的组接要遵循以下原则：①景别必须有明显的变化。②景别变化不大时，需要更改摄像机的机位，如图8-2-12、图8-2-13所示。③不能同景别组接。

图8-2-12 景别变化不大时，需要更改摄像机的机位（一）

图8-2-13 景别变化不大时，需要更改摄像机的机位（二）

**05** **轴线**。在镜头转换中，作为制约视角变换范围的界限，在电影的场面调度中，人物的行动方向或人物之间相互交流的位置关系构成一条无形的轴线。变换视角（机位）时，要受轴线规律的制约，总角度所在的轴线一侧的180°范围内，摄影机的角度无论怎样变换，所拍摄的不同视角的镜头连接起来后，都不会在画面上造成方向的混乱。

遵守轴线的规律来变换视角，可以保证人物行动路线和人物位置关系始终清楚、明确。

**越轴**指在镜头转换改变视角时超越轴线一侧180°

的范围界限，背离了轴线的规律，这样会造成画面上动作方向的混乱或人物之间位置关系的混乱。

例如，从左边驶过来一辆轻轨列车，那个下一镜头的列车必须也是从左向右行驶，这样才能符合观众的心理预期，否则就会产生越轴，如图8-2-14、图8-2-15所示。

图8-2-14 列车从左驶来

图8-2-15 列车必须从左向右行驶

**06** 最后要注意动静相接。"动"分为画面内的主体运动与镜头运动。"静"分为画面内的主体静止与固定镜头。

"动接动"是两个在视觉上都有明显动态的镜头相连，请注意前一个镜头主体由静止运动起来，下一个镜头主体运动，这也算动接动。

例如，上一个镜头是行进中的火车，下一镜头如果拍摄沿路景物，那么，一定要组接和火车速度相一致的运动景物的镜头，这样才能符合观众的视觉心理要求。

"静接静"是在视觉上没有明显运动感的镜头的切换方法，请注意前一个镜头主体运动完成后，下一个镜头是静止的，这也算静接静。

例如，甲听到乙在背后叫他，甲转身观望，下一镜头如果乙原地站着不动，镜头就应该在甲看的姿势稳定以后转换，这样才不会破坏这场戏的外部节奏。

"静接动"是动感不明显的镜头与动感十分明显的镜头的衔接方法。"静接动"是镜头组合的特殊规律，由上一个镜头的静止画面突然转成下一个镜头动作强烈的画面，其节奏的突变对剧情是一种推动。

"动接静"是在镜头动感明显时，紧接静感明显镜头的衔接方法。它是镜头组接的特殊规律，相连的两个镜头，如果前一个镜头动感十分明显，接上一个静止的镜头，会在视觉上和节奏上造成突兀停顿的感觉。

### 8.2.4 剧作结构

01 电影剧作结构的定义，在1986年版的《电影艺术词典》的解释为：电影剧作家根据对生活的认识，按照塑造形象和表现思想内涵的需要，运用电影思维把一系列生活材料、人物、事件等，分别轻重主次合理而匀称地加以组织和安排，使其符合生活规律，达到艺术上的和谐、完整与统一。

结构是剧本的基础。所谓结构，就是构思好你的故事走向、人物关系、情节高潮、主题思想。美国好莱坞总结出一套编剧规律：开端、设置矛盾、解决矛盾、再设置矛盾直至结局。我们也常把编剧的规律总结为序幕、开端、纠葛、发展、高潮、结局。

02 剧作结构的基本要素有4点：

（1）剧作结构中的开端：剧作的主要事件的起始，主要人物的出现和主要矛盾的显露就构成了结构的开端；

（2）剧作结构中的发展：发展是剧作结构中最主要的部分，所占篇幅也最多。性格的不断发展和形成，矛盾的不断推进和冲突的不断加剧，形成了发展的主要内容。

（3）剧作结构中的高潮：对于传统结构来说，高潮是剧作中最为重要的部分，它是矛盾发展的必然结果和顶点，是主要人物性格塑造完成的关键时刻，也是剧作中主要悬念得以解决的时刻。

（4）剧作结构中的结局：在传统结构中，当高潮过去之后，主要矛盾和主要悬念最终解决，主要人物性格的最后完成，使剧作终于出现了一种平衡和稳定，这便构成了结局。

03 构建矛盾冲突。《简明不列颠百科全书》对"冲突"的解释为："决定一部文学作品的时间类型或情节的对立力量。冲突最简单的形式，是主人公和其他人的争斗。但冲突也可以是个人与自然界、社会势力或与其自身矛盾势力的斗争……"

关于冲突的定义，《辞海》则解释如下："文艺用语。现实生活中，人们由于立场、观点、思想感情、要求愿望等的不同而产生的矛盾冲突在文艺作品中的反映。在叙事性作品中，冲突是构成情节的基础，是展示人物性格的手段；戏剧作品特别注重冲突的展示，没有

冲突，就不能构成戏剧。"

冲突从人物角度可以细分为人与人的冲突；人与自然的冲突；人与社会的冲突；人与自我的冲突。

从情景角度划分为强化冲突与淡化冲突；外在冲突与内在冲突；明显冲突与潜行冲突；情节小冲突与剧情大冲突。

04 电影剧作的结构分类。这里引用北京电影学院苏牧教授所写的《荣誉》一书。他将剧本结构分为"常规结构"与"非常规结构"。

**常规结构：**所谓的"戏剧式结构"，这种结构是电影工作者根据观众的观片心态总结出的。它的目的是"最大程度地吸引观众"，它的主要特征是：

（1）冲突支撑剧情。处处是冲突，小冲突引出中冲突，中冲突导致大冲突，即我们常说的"动作与反动作"。冲突从剧情的角度讲，即电影剧作中大大小小的情节点。

（2）格局程式化。影片有明显的开头、发展、结尾三部分，也有明显的情节点，如"情节点1""情节点2""情节点3"等。

（3）人物相对集中，并且主次分明。主角有2~3人，次角5人以下。

（4）情节紧凑、故事清楚。故事清楚主要是指故事的结尾，故事的过程可以扑朔迷离，但是，故事的结尾一定要清楚。

（5）主题相对简单、明朗。

**非常规结构：**不具备常规结构（戏剧式结构）种种特征的剧作结构。

（1）生活流式结构。影片展现一段生活，支撑剧作的不是冲突，而是一段生活。这种结构的魅力在于那段生活本身的"魅力"，它"散发着生活的芳香"，如Vlog即"视频网络日志"就是这种结构。

（2）意识流式结构。影片展示作者的一段意识活动。

（3）思想式结构。在电影中进行思辨。

（4）板块式结构。数个相对短小、独立的故事组成一部电影。

（5）套层结构。

05 电影结构多以单线叙事为主，如果是电视剧结构，双线或者多线叙事更为普遍。

单线叙事的意思是单一视角或者多视角融合在同一主线上。例如，在迪士尼动画《花木兰》中，主视角是花木兰，辅助视角是木兰家的守护神木须，共同的主线是对抗单于入侵，如图8-2-16所示。

图8-2-16 《花木兰》

《飞屋环游记》的主视角是老人费雷德里克森，辅助视角是小胖子罗素，共同的主线是到达天堂瀑布，如图8-2-17所示。

图8-2-17 《飞屋环游记》

多线叙事则是多视角，多视角意味着多人物，每个人物的目标、任务线是不同的。电视剧中多线叙事比较普遍。例如，美剧《权力的游戏》第一季中，"龙妈"和史塔克家族的目标是不一样的。

以宁浩导演的电影《疯狂的石头》为例，其看似为多线叙事，人物众多，但实际上是单线叙事，因为主要角色的目标是一致的，就是那块价值连城的翡翠，如图8-2-18所示。

图8-2-18 《疯狂的石头》

这些需要遵循的规则和要求，在很多的时候也是可以被打破的。例如，在表现混乱主题时，有些导演故意选择打破这些规则和要求，实现形式上的混乱。这是在使用常规原则基础之上的更高追求。但前提是我们熟练掌握这些原则和要求。

# 8.3 仿制短片

很多人第一次制作视频难免有些迷茫，遇到许多问题是不可避免的，像如何处理剧本结构？用怎样的拍摄手法？运用哪种艺术表现形式？所以这里推荐先从模仿别人制作的短片开始。

## 8.3.1 创建序列与拍摄素材

**01** 确定参考短片。首先去网络上寻找一个符合目标的参考短片，时间可以控制在3分钟之内。这里的参考短片为三沐影像工作室出品的短片《长大の少女》，如图8-3-1所示。

图8-3-1 《长大の少女》

**02** 调节参考短片大小。项目工程文件大小为720p，即1280×720。参考短片的大小为1080×1080，显然与我们的项目大小不一致。

将其导入Premiere Pro，新建一个720p的序列，将画面充满节目监视器窗口。视频中有几个抱着狗的镜头，而这几个镜头并不影响影片剧情结构，我们选择将其删除。调节完成后命名为"长大の少女参考"，保存输出为H.264格式，如图8-3-2所示。

图8-3-2 将参考短片画面大小调整为720p

**03** 创建项目文件夹。在D盘的Premiere Pro文件夹内，新建一个"长大的少女"子文件夹。在其内部新建3个子文件夹"视频素材""音频素材""文字"，如图8-3-3所示。

图8-3-3 设置项目文件夹

**04** 回到Premiere Pro，单击新建素材箱，创建5个文件夹，如图8-3-4所示。

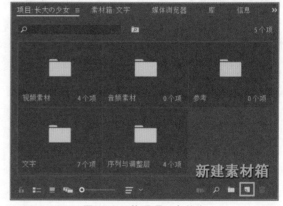

图8-3-4 整理项目文件夹

**05** 新建自定义序列。按键盘的Ctrl+N新建序列，编辑模式为"自定义"，时基为"25帧/秒"，帧大小为"2560×720"，像素长宽比为"方形像素（1.0）"，序列名称为"长大の少女左右"，如图8-3-5所示。

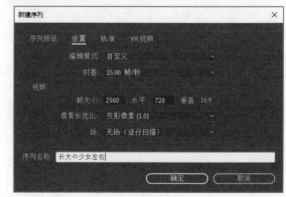

图8-3-5 新建自定义序列

06 将参考短片拖到序列之上（保持现有设置），进入效果控件将位置数值调节为1920，使参考短片处于画面的右侧，如图8-3-6所示。

图8-3-6 参考短片处于画面右侧

07 这个项目需要5条视频轨道和2条音频轨道。在菜单栏选择"序列"＞"添加轨道"，添加2条视频轨道，不添加音频轨道。将参考短片拖到新建的视频轨道5，将声音拖到音频轨道2，最后单击 V1 将这两条轨道进行锁定，如图8-3-7所示。如果不能将剪辑添加到序列里，请检查 6 是否激活。

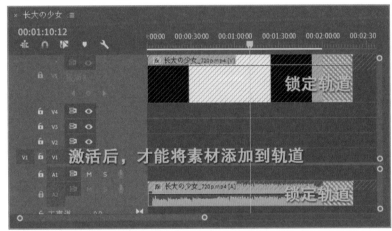

图8-3-7 锁定参考短片的视频与音频轨道

08 添加标记。使用"添加标记"将参考短片拆解成镜头。在每个镜头的初始位置单击时间轴上的"添加标记"，最后分别对"标记点"进行命名，如"镜头1""镜头2"，如图8-3-8所示。我们需要仔细分析每个镜头的持续时间、景别与表情动作。

图8-3-8 添加标记并修改标记名称

**09** 拍摄。现在就可以拿起手机、扛起三脚架出门拍摄了。拍摄短片时景别、动作需要完全与参考短片保持一致。

第一次拍摄了70个视频素材，我们将其放入按照拍摄时间命名的文件夹6.15中，并存放到视频素材文件夹之下，如图8-3-9所示。

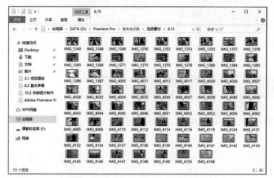

图8-3-9　拍摄的素材

**10** 拍摄的时候手机设置默认选择1080p，尺寸为1920×1080，比我们的项目720p稍大，使我们对画面有更多的选择空间。

将1080p的素材匹配到720p的序列，如果构图景别是正确的，首先将缩放值调节为66.7%，然后将位置属性调节为640、360，确保视频处于画面左侧，如图8-3-10、图8-3-11所示。

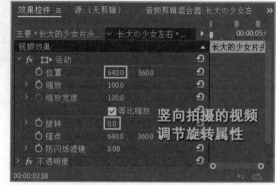

图8-3-10　竖向拍摄视频处理方式

图8-3-11　将自己拍摄的视频置于画面左侧

**11** 批量修改属性。将拍摄的70个镜头依次放置到视频轨道1与轨道2，使用剃刀工具进行粗剪。因为要将自己拍摄的镜头置于画面左侧，所以要将每个镜头的初始位置属性都设置为640、360。

选择时间轴上调节好的第一个镜头，右击在弹出的对话框中选择"复制"，然后框选所有要调整属性的镜头右击，在弹出的对话框中选择"粘贴属性"，如图8-3-12所示。

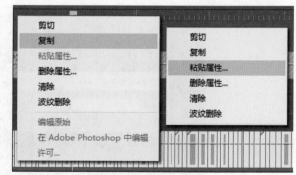

图8-3-12　批量修改剪辑属性

**12** 在粘贴属性对话框中，勾选"运动"即可，如图8-3-13所示。整体调节完成后，需要根据实际情况微调每个剪辑的缩放与位置属性。

图8-3-13 粘贴运动属性

**13** 对素材进行初次剪辑之后，看到有些素材不是很完美，所以又补拍了34个视频，放入名为"6.18补拍"的文件夹，如图8-3-14所示。

图8-3-14 补拍的34个镜头

常见的拍摄技巧如下：

（1）在熟练运用景别/镜头讲故事之后，更能引起观众兴趣的是演员与屏幕之外的观众如何进行互动，夸张的动作与表情，可以使观众感同身受。

（2）不要逆光拍摄，因为会导致人脸过黑等问题。

（3）不要曝光过渡，画面略黑还可以使用校色工具调整过来，过亮的画面则会损失太多暗部细节，失去抢救的可能性。（相机的光圈过大，会导致视频过亮。）

（4）不要在过黑的灯光环境下拍摄，会使手机画面产生颗粒，并且画面严重缺乏层次感。

（5）在保证真实感的前提下，尽量营造出景深与画面的层次感，拍摄时不要使用变焦镜头。

**14** 整理项目面板。将"6.18补拍"也拖到视频素材文件夹下，把"序列"拖到参考文件夹下，项目越大素材的整理与分类越要仔细，如图8-3-15所示。

项目进行到这里，可以按键盘的Ctrl+S保存一次，以免软件突然崩溃带来不必要的损失。

图8-3-15 整理项目面板

### 8.3.2 剪辑/组接短片

**01** 精剪素材。仔细调整每个剪辑在画面中的位置、尺寸、时间，如图8-3-16所示。

图8-3-16 精剪素材

剪辑的原则总结如下：

（1）服务于故事内容，不浪费时间，挑出镜头最为精彩的部分。

（2）服务于故事情感，匹配音乐与节奏。

（3）服务于故事画面，确保故事连贯、镜头连贯，炫酷的转场与特效也要服务故事的连贯性。

（4）珍惜每段素材，合理使用加速、减速与时间扭曲。

**02** 以第1个镜头为例。首先进入效果控件微调位置与缩放属性，将人物位置与参考短片位置保持一致，如图8-3-17、图8-3-18所示。

镜头对位时，可以使用参考线辅助定位，通过调整镜头的位置，可以弥补补拍摄时的问题。

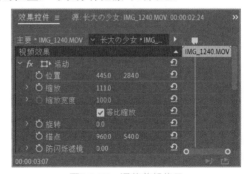

图8-3-17 调整剪辑位置

图8-3-18　第一个镜头位置调节完成效果

**03** 观察镜头1的标记时间，我们看到第一个镜头原片需要1秒6帧，而实拍的素材为1秒22帧，略微有点长，故可以使用"剃刀工具"裁剪素材。

但是这个镜头并没有多余的情节。所以可以选择将素材进行变速，右击剪辑选择"剪辑速度/持续时间"，将持续时间调节为00:00:01:06，如图8-3-19所示。

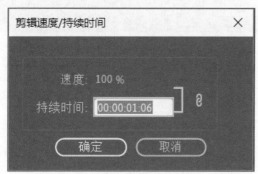

图8-3-19　调整剪辑速度

**04** 删除声音。默认的视频与音频是锁定的，选择剪辑右击勾选"取消链接"，断开视频与音频之间的关系，按Delete键删除音频，如图8-3-20所示。

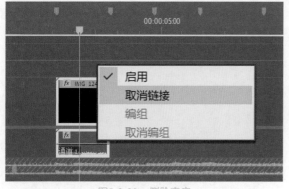

图8-3-20　删除声音

**05** 随着时间轴上剪辑数量的增加，熟练运用以下几个快捷键会加快剪辑的效率，如图8-3-21所示。

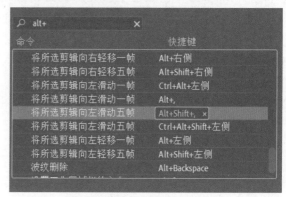

图8-3-21　调整剪辑使用的快捷键

此外，还有以下常用快捷键：

↑/↓：转到上/下一个编辑点。

Shift+↑/↓：转到任意轨道的上/下一个编辑点。

**06** 继续看第4个镜头，首先微调"位置"与"缩放"属性，观看序列发现视频方向貌似拍反了。使用剃刀工具将不需要的部分删除，如图8-3-22、图8-3-23所示。

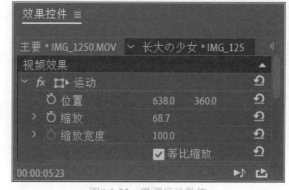

图8-3-22　微调运动数值

图8-3-23　人物运动方向发生错误

**07** 在效果面板搜索"水平翻转"将其添加到第4个镜头上，看到人物已经转过来了，如图8-3-24所示。

图8-3-24　水平翻转

**08** 第15个镜头中，可以看到因为球门的倾斜，导致整个画面略微向右倾斜，如图8-3-25所示。

图8-3-25　处理倾斜镜头

**09** 进入效果控件，将旋转数值调节为-0.7，使画面轻微旋转，最后稍微加大缩放使画面充满窗口，如图8-3-26所示。

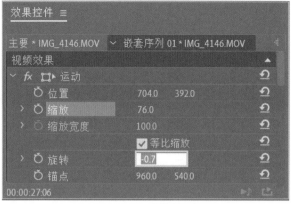

图8-3-26　调节旋转属性

**10** 使用参考线辅助校正门梁，如图8-3-27所示。

图8-3-27　使用参考线

**11** 55个镜头剪辑完成的效果如图8-3-28所示。

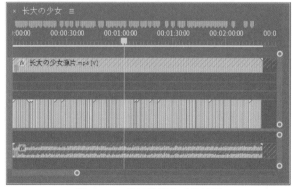

图8-3-28　精细剪辑完成的效果

**12** 保存与自动保存。全部镜头调整完成后及时保存项目。如果在剪辑镜头的过程中Premiere Pro突然崩溃，导致没有保存上，可以去项目文件中的Auto-Save文件夹查看系统自动保存的工程文件，如图8-3-29所示。

图8-3-29　自动保存的工程文件

### 8.3.3　颜色校正

**01** 自定义校色工作区。在菜单栏勾选"Lumetri范围"与"Lumetri颜色"，将"效果控件"拖到项目面板的位置，将"Lumetri颜色"放置到原效果控件的位置，如图8-3-30所示。

图8-3-30　调整界面

**02** 调节Lumetri范围。因为序列是左右格式的，故左侧为实拍素材的颜色区间；右侧为参考短片的颜色区间，如图8-3-31所示。

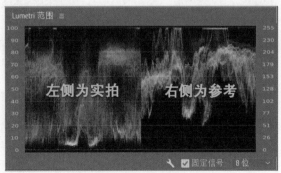

图8-3-31　Lumetri范围

**03** 基本校正。我们需要修复每个镜头颜色的错误，如画面过黑、过亮、饱和度不够与对比度不足等情况，最终

使前后镜头如同在相同地点、时间、光线使用同一摄像机所拍摄出来的。

镜头调节原则如下：

（1）每个镜头的颜色不要过亮或者过暗，如图8-3-31所示。右侧参考的颜色范围就过亮，导致缺少了暗部信息。

（2）校色时前后镜头颜色偏差不要过大，可以使用统一的预设效果，调色后使全片趋于一个或几个大的颜色风格。

**04** 以第一个镜头为例进行参数调节，校色完成效果如图8-3-32、图8-3-33所示。

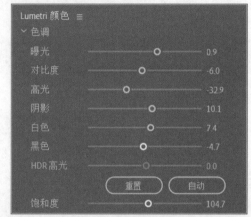

图8-3-32　Lumetri颜色

图8-3-33　校色前后效果对比

**05** 第5个镜头是个很差劲的镜头，拍摄时间接近傍晚，光线较差导致人物衣服和脸部偏黑，并且没有样片的景深效果，如图8-3-34所示。

图8-3-34　手机拍摄时间接近傍晚导致图像效果较差

**06** 粘贴属性。首先选择第1个镜头右击"复制"，然后选择第5个镜头右击"粘贴属性"。粘贴属性时，取消勾选"缩放属性时间"，仅保留"Lumetri颜色"即可，如图8-3-35、图8-3-36所示。

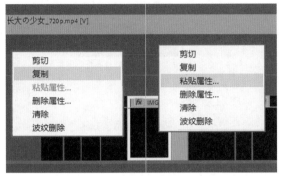

图8-3-35 粘贴属性

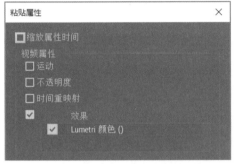

图8-3-36 只粘贴Lumetri颜色

同一基调的素材，可以使用同一个"Lumetri颜色"作为基础模板，然后再根据实际情况进行微调。

**07** 分离人物与背景。按Alt键将素材拖动复制到轨道2，重命名为"人物"，将轨道1的素材重命名为"背景"，如图8-3-37所示。

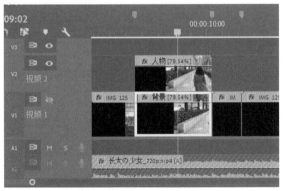

图8-3-37 复制图层并命名

**08** 选择轨道2的素材，进入效果控件的不透明度选项，单击✐绘制遮罩，如图8-3-38所示。

遮罩绘制完成后，单击"向前追踪所选蒙版"，将追踪出动态遮罩，遮罩的精准度决定了这个镜头的成败，再次强调遮罩的位置是在不透明度之下。

图8-3-38 绘制并追踪遮罩

**09** 遮罩追踪完成后，调节"Lumetri颜色"，将人物调亮，如图8-3-39所示。

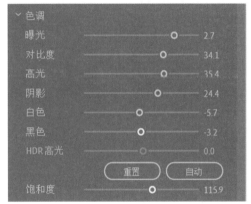

图8-3-39 校正人物

如果追求镜头的完美，可以将人物的脸部单独提取并放置到轨道3，对脸部进行进一步提亮。

**10** 单击轨道1的背景，调节"Lumetri颜色"使背景与人物颜色相匹配不出现明显的破绽，如图8-3-40所示。

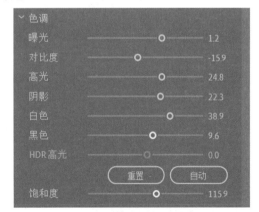

图8-3-40 校正背景

**11** 在效果面板搜索"快速模糊"或者"高斯模糊"将其添加到"背景"上模拟景深，参数调节如图8-3-41所示。

图8-3-41　添加高斯模糊

⓬ 通过分层校色，我们分别处理了素材中人脸过黑和没有景深的问题，如图8-3-42所示。

图8-3-42　校色前后效果对比

素材过黑还是可以通过校色调节过来，但是如果素材过亮，也就是说曝光过度是无法通过后期调节完美的。不建议所有的镜头都采用这种方式制作，前期好的光照效果，可以极大加快后期校色效率。

⓭ 需要注意的是，新手可能会误添2~3个"Lumetri颜色"，导致不知道是哪个"Lumetri颜色"在发挥作用。请仅保留一个"Lumetri颜色"即可。

校色完成后，单击切换效果开关 fx，对比查看添加的"Lumetri颜色"效果，如图8-3-43所示。

图8-3-43　效果切换开关

⓮ 在项目面板选择"新建项"＞"调整图层"，然后将

调整图层放置到轨道3，如图8-3-44所示。

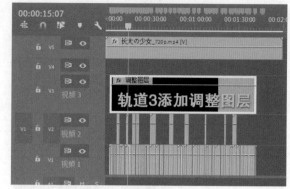

图8-3-44　添加调整图层

⓯ 统一调色。可以在"Lumetri颜色"中使用"创意"加载LUT调色预设或者使用Looks。

在效果面板搜索look，找到Looks将其添加到V3轨道的调整图层上，如图8-3-45所示。

图8-3-45　添加Looks

⓰ 在效果控件中，选择轨道3的调整图层，单击Edit Look进入Looks主界面，如图8-3-46所示。

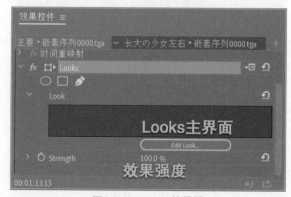

图8-3-46　Looks效果器

⓱ 加载预设。参考短片本身就是一种小清新的感觉，进入Looks主界面，单击左下角的Looks调出预设面板，选择Techniques＞Lowcon Hicon这个预设进行加载，如图8-3-47所示。

图8-3-47 加载Looks预设

**18** 加载Looks效果后。可以快速模拟出小清新电影的感觉，如图8-3-48所示。

图8-3-48 完成效果

**19** 模拟天空。激活Tools（工具面板），选择Subject（全局调整）添加Grad Exposure（渐变曝光），如图8-3-49、图8-3-50所示。

图8-3-49 加载渐变曝光

图8-3-50 渐变曝光参数

**20** 添加Looks预设后的对比效果如图8-3-51所示。

图8-3-51 对比效果

**21** Looks的使用方法请参阅本书3.3进行学习，这里最后讲一下如何处理景深与暗角。

激活Looks工具面板，添加Edge Softness（边缘柔和）到Lens（镜头）上来模拟景深效果，如图8-3-52所示。

图8-3-52 添加景深效果

**22** 再次单击关闭工具面板，可以修改Edge Softness的模糊量与质量数值，如图8-3-53所示。完成后的效果如图8-3-54所示。

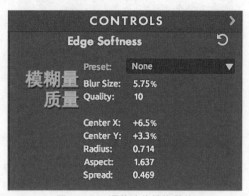

图8-3-53　调整边缘模糊数值

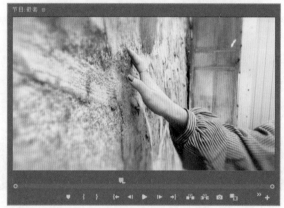

图8-3-54　模糊过后看到左边的墙出现了虚化

**23** 使用Looks校色完成后，如果觉得画面颜色层级太乱，可以添加Lens Vignette（镜头晕影），使人的视觉注意力集中到画面中央，如图8-3-55所示。

图8-3-55　如果添加Lens Vignette则整个短片都要添加

### 8.3.4 嵌套剪辑

**01** 处理后期卡顿。特效添加过多之后会导致很多笔记本卡顿，甚至死机、出现bug等。这里推荐先优化系统。

此外，我们提供另一种解决思路：学习如何从左右

格式中提取单屏画面。框选轨道1、轨道2、轨道3的所有剪辑，右击选择"嵌套"，如图8-3-56所示。

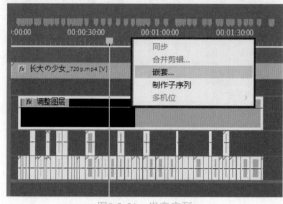

图8-3-56　嵌套序列

**02** 在弹出的对话框中输入名称后单击确定，将全部剪辑进行嵌套。"嵌套序列"后会在时间轴上以绿色进行显示，按Ctrl+C复制"嵌套序列"，如图8-3-57所示。

图8-3-57　创建嵌套序列

**03** 新建序列。新建一个HDV 720p25的序列，序列名称为"单屏"，如图8-3-58所示。

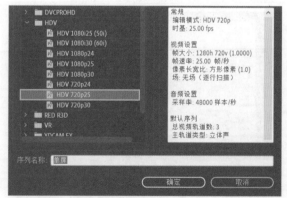

图8-3-58　新建序列

**04** 在新建序列中按键盘的Ctrl+V粘贴"嵌套序列01"到视频轨道1，如图8-3-59所示。

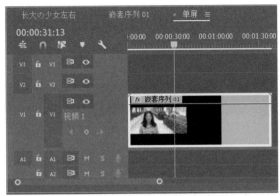

图8-3-59 粘贴嵌套序列

**05** 观察节目监视器，看到因为调节过位置数值，所以现在画面位置出现了错误，集体偏左了640个像素，如图8-3-60所示。

图8-3-60 位置错误

**06** 单击"嵌套序列01"进入效果控件，将位置调节为1280、360，将整个嵌套序列向右移动640个像素，如图8-3-61所示，看到画面在节目监视器中显示正确。

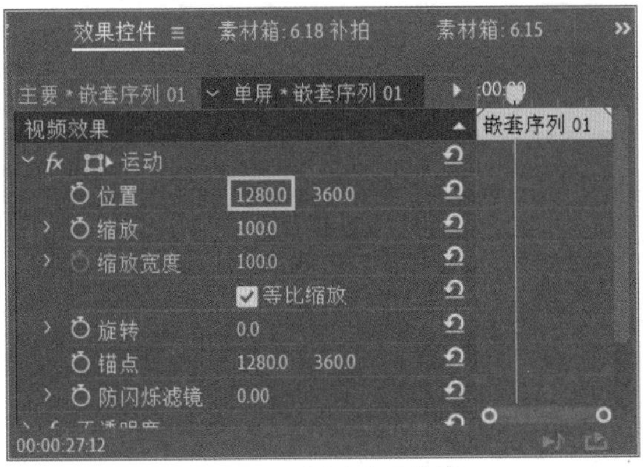

图8-3-61 调节位置数值

**07** 渲染TGA图像序列。在菜单栏选择"文件">"导出">"媒体"。在导出设置对话框中，格式选择Targa，如图8-3-62所示。

注意，请尽量减少媒体素材在各种视频编辑软件中导入与导出的次数，因为不管什么编码技术都会破坏原始素材的清晰度，这点是毋庸置疑的。

图8-3-62 渲染TGA序列

**08** 在"长大の少女"项目工程文件夹下，新建一个TGA文件夹，专门用于存放渲染出来的TGA序列，如图8-3-63所示。

这里选择"TGA格式"，它的优点是能最大程度保护原始素材；缺点是渲染后的素材非常大，2分20秒的素材渲染为TGA格式后大小需要12G左右，共3503张图片。

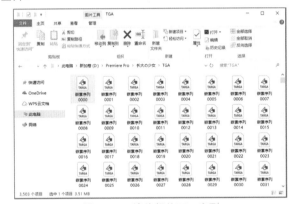

图8-3-63 渲染好的TGA序列

**09** 导入TGA序列。回到Premiere Pro，首先勾选"图像序列"，单击"嵌套序列0000"，将序列文件全部导入软件，如图8-3-64所示。

图8-3-64 导入序列

**10** 将导入的TGA序列放置到视频轨道2，位置调节为640、360，初始位置对齐到2秒24帧。如果机器卡顿严重就直接删除视频轨道1的"嵌套序列"，如图8-3-65所示。

如果机器不卡顿，关闭视频轨道1的"视频切换输出"即可。不删除的好处是如果镜头出错，可以回到"嵌套序列"重新编辑原始素材。

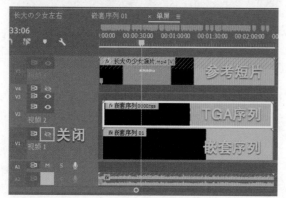

图8-3-65　关闭或者删除嵌套序列

**11** 整理项目面板。由于"嵌套序列"本身就是一个序列，所以将其拖到"序列与调整图层"文件夹当中，将TGA序列文件拖到"视频素材"文件夹当中，如图8-3-66所示。

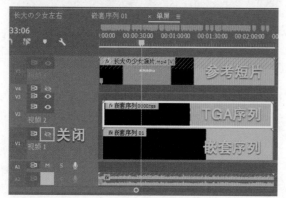

图8-3-66　整理项目

### 8.3.5　黑幕边缘

**01** 黑幕边缘也就是遮幅。因为是仿制短片，有时候在对齐画面时，素材会出现画面不够、缺失等状况，再去补拍也不现实。

如果遇到类似问题，我们可以为短片添加和电影一样的遮幅效果，如图8-3-67所示。

图8-3-67　画面缺失

**02** 设置遮幅大小。遮幅多大很有学问，我们以1080p的《复仇者联盟3》为例，视频的原始尺寸是1920×1080，它的裁剪边缘上下各为12.7%，如图8-3-68所示。

图8-3-68　《复仇者联盟3》裁切尺寸

**03** 在效果面板搜索"线性擦除"将其添加到V2轨道的TGA序列上，如图8-3-69所示。

图8-3-69　添加线性擦除

**04** 调节效果控件参数，注意要添加两个"线性擦除"，分别裁剪上方与下方屏幕，参数如图8-3-70、图8-3-71所示。

注意：添加黑幕之后，需要重新调整每个镜头的画面位置属性，确保精彩部分不被遮挡。

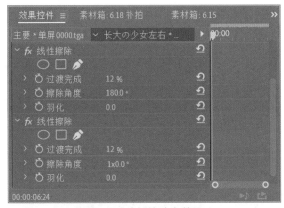

图8-3-70 线性擦除参数设置

图8-3-71 添加遮幅效果

**05** 如果想要精准又快捷地添加遮幅，推荐使用Photoshop来完成，保存为PNG格式，导入Premiere Pro后放置到V3轨道即可，如图8-3-72所示。

图8-3-72 使用Photoshop制作遮幅

### 8.3.6 制作歌词

接下来制作声音与歌词。因为是仿制短片，所以我们不需要再寻找新的背景音乐，只需要配上字幕即可。如果自己创作微电影时，可以使用对白、独白与旁白（旁白中包括解说词），来增强影片的艺术表现力和感染力。

**01** 《长大の少女》所采用的背景音乐为*Neopolitan dreams*，网上查找并下载好歌词，如图8-3-73所示。

图8-3-73 歌词

**02** 回到Premiere Pro，展开并解锁音频轨道，找到每句歌词的开始和结束位置。

单击序列上的"添加标记"，根据声音添加标记。为了区分拆解视频的标记，可以将音频轨道上的标记颜色设置为红色，如图8-3-74、图8-3-75所示。

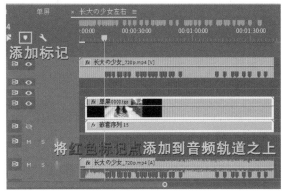

图8-3-74 音频轨道添加红色标记点

图8-3-75 标记颜色为红色

**03** 新建旧版标题。在字幕面板单击"文字工具"，输入You'll go and I'll be okay。设置字体为"方正综艺简体"，字体大小为50，调节完成单击右上角 ✕ 保存字幕，如图8-3-76所示。

这里之所以没有使用"文字工具"与"基本图形面板"，是因为基本图形面板不支持"方正综艺简体"。

图8-3-76　字幕面板

**04** 继续创建字幕。首先根据标记将"播放指示器"拖到第二句歌词位置，重新点开第一句歌词的字幕文件，单击"基于当前字幕新建字幕"，这样就会使用前一个字幕的各项属性新建字幕，如图8-3-77所示。

图8-3-77　基于当前字幕新建字幕

**05** 新建字幕对话框修改名称为"字幕2"，然后修改内容为"I can dream the rest away"，如图8-3-78所示，剩余字幕重复如上操作即可。

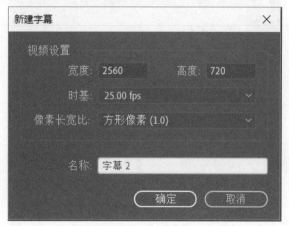

图8-3-78　新建字幕

**06** 整理文字面板。字幕全部添加完成并命名后，统一拖进"文字素材箱"，如图8-3-79所示。

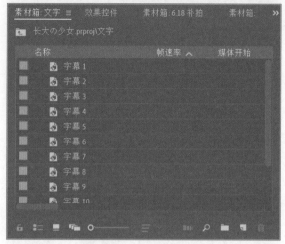

图8-3-79　整理字幕面板

**07** 将"字幕"拖到V3视频轨道，根据红色标记的位置调节"字幕素材"的持续时间，如图8-3-80、图8-3-81所示。

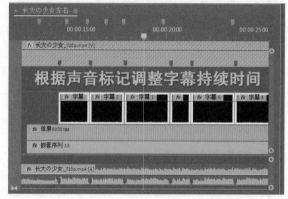

图8-3-80　调整字幕持续时间

图8-3-81　字幕添加完成效果

## 8.3.7　片头与声音

**01**　下面模拟制作片头。优秀的片头需要使用After Effects来制作，我们换个思路简单模拟下。首先在Photoshop中做好模板，需要一个简单的背景图案，以及三个文字图层，如图8-3-82所示。

图8-3-82　Photoshop制作模板

**02**　导入PSD文件。导入模式为"各个图层"，如图8-3-83所示。

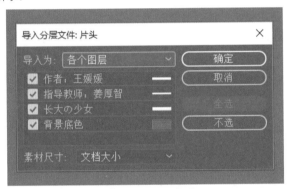

图8-3-83　分层类型

**03**　片头时间为2秒24帧，导入的PSD文件按照原始的层级位置，分别放置到轨道1、2、3、4里，将持续时间也调整为2秒24帧，如图8-3-84所示。

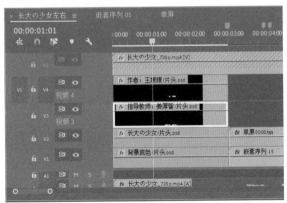

图8-3-84　将PSD分层文件放置到轨道

**04**　选择轨道1的"背景底色"，单击"Lumetri颜色"

面板，将曝光调节为4.4，如图8-3-85所示。完成效果如图8-3-86所示。

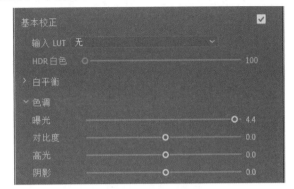

图8-3-85　调节曝光数值

图8-3-86　曝光完成效果

**05**　进入效果控件，将▼拖到第0帧处，单击🕙生成一个关键帧。将▼拖到第13帧处，然后将曝光值调节为0，生成第二个关键帧，如图8-3-87所示。

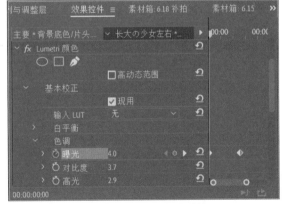

图8-3-87　设置曝光关键帧

**06**　选择轨道3、4上的"作者"和"指导老师"，将▼拖到1秒2帧处，然后删除1秒2帧之前的剪辑，这样会先出现片头名称，1秒2帧之后才会出现作者、指导教师。

　　在效果面板搜索"交叉划像"将其添加到V3、V4轨道剪辑的初始位置，这样文字从右到左逐渐显现的效果制作完成，如图8-3-88所示。

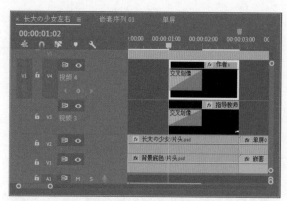

图8-3-88 调整剪辑持续时间并添加交叉划像

**07** 预览剪辑。在菜单栏选择"序列">"渲染入点到出点效果",渲染整个序列,使序列顶部显示的"黄色线"与"红色线"都变成"绿色线",加快视频预览速度。然后按键盘的`最大化节目监视器,如图8-3-89所示,为正在渲染序列。

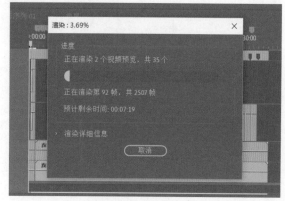

图8-3-89 渲染整个序列

**08** 双屏变单屏。框选视频1、视频2与视频3轨道上的全部剪辑,右击嵌套,命名为"输出为单屏幕",然后新建一个720p的序列,调整位置属性即可,如图8-3-90所示。

图8-3-90 嵌套序列

最后我们可以添加很多新的想法与创意,将之前所学到的知识都添加到短片当中进行二次创作。左右格式制作的仿制短片就讲解到这里。

作业:观看影片《再见再遇见》,以3~4人为一组进行拍摄制作,项目要求为1080p(1920×1080),所以序列大小就变成了3840×1080,如图8-3-91、图8-3-92所示。

图8-3-91 《再见再遇见》完成效果(一)

图8-3-92 《再见再遇见》完成效果（二）

　　仿制短片《再见再遇见》中所使用的序列时，如果你的计算机配置不好，可以选择制作720p（1280×720）的大小，序列大小为2560×720，完成序列如图8-3-93所示。

图8-3-93 《再见再遇见》完成序列

## 参考文献

[1] Adobe. Adobe Premiere Pro 用户指南[EB/OL]. https：//helpx.adobe.com/cn/premiere-pro/user-guide.html.

[2] 傅正义. 电影电视剪辑学[M]. 北京：中国传媒大学出版社，2002.

[3] 周振华. 视听语言[M]. 北京：中国传媒大学出版社，2017.

[4] 马克西姆•亚戈. Adobe Premiere Pro CC 2018经典教程[M]. 巩亚萍，译. 北京：人民邮电出版社，2018.

[5] 美国纽约摄影学院 . 美国纽约摄影学院摄影教材[M]. 北京：中国摄影出版社，2010.

[6] 庄元，王定朱，张弛. 数字音频编辑 Adobe Audition 3.0实用教程[M]. 北京：人民邮电出版社，2012.

[7] 单光磊. 摄像基础[M]. 北京：化学工业出版社，2017.

[8] 苏牧. 荣誉[M]. 北京：人民文学出版社，2007.

[9] 王国臣. 影视文学脚本创作[M]. 杭州：浙江大学出版社，2018.

[10] 神龙摄影. 佳能80D数码单反摄影入门到精通[M]. 北京：人民邮电出版社，2017.